ŒUVRES

DU

CITOYEN GOUDIN.

Traité des propriétés communes à toutes les courbes.

Premier Mémoire sur les éclipses de soleil.

Second Mémoire sur les éclipses de soleil.

Mémoire sur l'ellipse.

A PARIS,

Chez BERNARD, Libraire, pour les Mathématiques, Sciences et Arts, quai des Augustins, n.° 37.

AN VIII.

« Nous regardons le TRAITÉ DES PROPRIÉTÉS
» COMMUNES A TOUTES LES COURBES, comme un
» très-bon supplément à l'ouvrage du Marquis de
» l'Hôpital sur l'ANALYSE DES INFINIMENT PETITS;
» et nous y renvoyons avec d'autant plus de plaisir,
» que nous savons qu'il est de bonne main. L'auteur
» est avantageusement connu des Géomètres par plu-
» sieurs ouvrages, et sur-tout par son travail du
» TRAITÉ DES COURBES ALGÉBRIQUES, un des
» meilleurs en ce genre ».

(*Extrait de l'*ANALYSE DES INFINIMENT PETITS, *édition de* 1781, *page* 142.)

TRAITÉ

DES PROPRIÉTÉS

COMMUNES A TOUTES LES COURBES;

SUIVI D'UN

PREMIER MÉMOIRE

SUR LES ÉCLIPSES DE SOLEIL.

TROISIÈME EDITION.

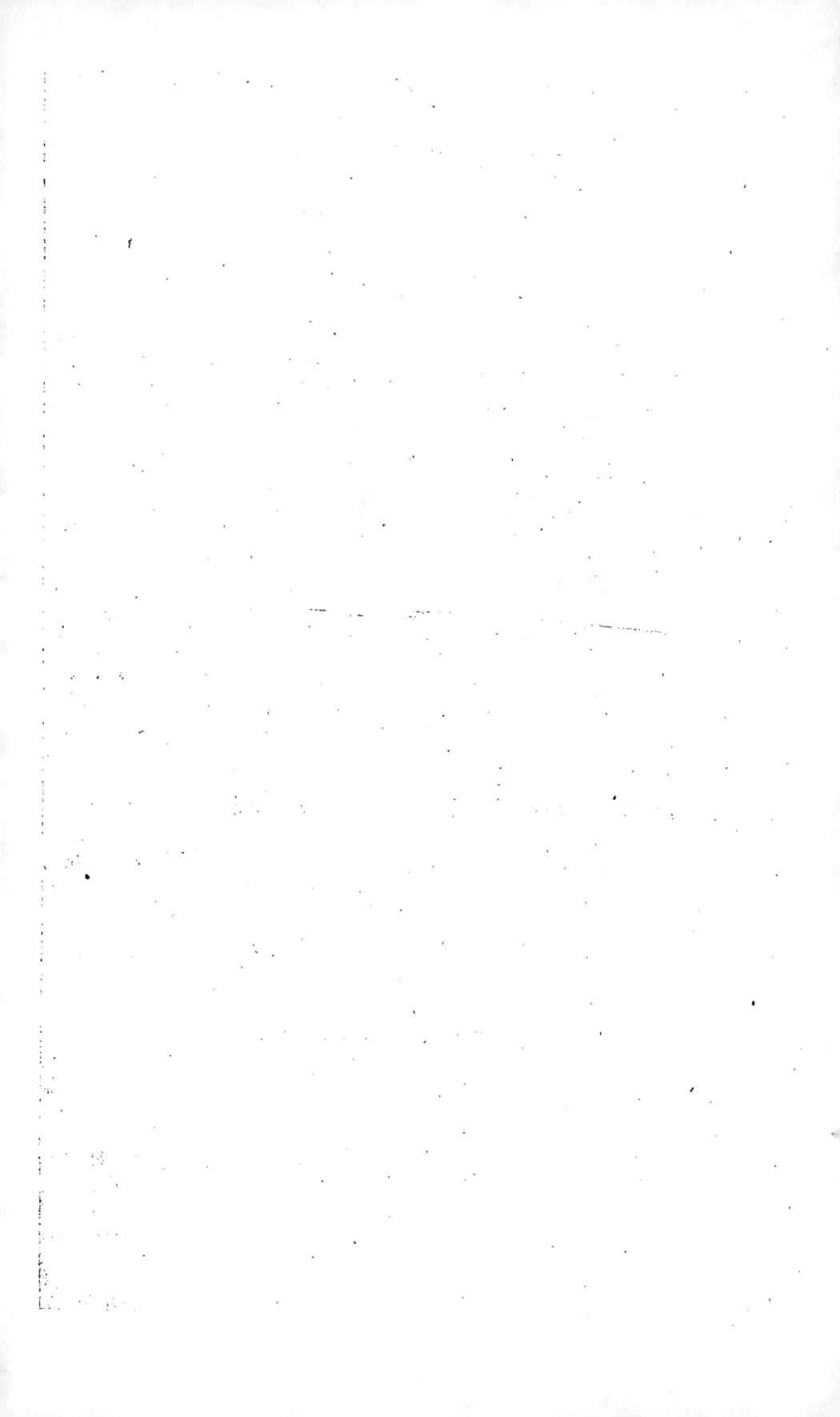

PRÉFACE.

CHAQUE courbe est distinguée de toute autre par des propriétés qui la caractérisent : c'est une relation entre deux co-ordonnées qui la désigne et qui fixe sa nature. Les co-ordonnées les plus usitées sont deux lignes droites perpendiculaires entre elles : mais il s'en faut bien que ce soient les seules possibles; toutes les quantités déterminées par la nature de la courbe peuvent être prises pour co-ordonnées. Ainsi quand on dit qu'à chaque point de la spirale logarithmique le rayon vecteur et la perpendiculaire sur la tangente sont dans un rapport constant, cette propriété est une équation de la courbe. De toutes les équations propres à désigner une même courbe, il arrive toujours que les unes sont algébriques et les autres transcendantes. Si donc on avoit un traité de courbes algébriques relativement à chaque combinaison de deux co-ordonnées, il y en auroit toujours quelqu'un d'applicable à la courbe qui seroit proposée. Il est vrai que toute relation entre deux variables n'est pas propre à remplir le même but : par exemple, il n'y a que la relation ordinaire entre deux lignes droites faisant un angle constant, et celle entre le rayon vecteur et l'angle traversé, qui soient propres à assigner chaque point de la courbe et à en donner la description : mais chaque combinaison a son usage particulier. Si on prend pour co-ordonnées le rayon vecteur et la perpendiculaire sur la tangente, et que leur relation se trouve algébrique, je ne doute pas que les propriétés de la perpendiculaire sur la tangente ne soient très propres à donner les propriétés des branches infinies.

Toute courbe propre à résoudre un problême est indiquée par une de ses propriétés, et cette propriété est sur-le-champ une équation de la courbe : c'est donc la nature de la question qui fait tomber primitivement sur une des équations de la courbe plutôt que sur une autre. Il faut donc savoir transformer une équation quelconque d'une courbe en une autre qui ait des co-ordonnées différentes ; et si on approfondit cette question, on verra qu'elle renferme presque tous les problêmes sur les courbes. Demander l'expression du rayon de courbure en x, c'est vouloir transformer la relation des x et des y en une relation entre les x et les rayons de courbure : demander la courbe dont la sous-tangente a une certaine relation avec les y, c'est vouloir transformer la relation des y et des sous-tangentes en une relation entre x et y. Pour exécuter ces transformations, il faut savoir que, si on combine les co-ordonnées trois à trois, chaque combinaison de trois co-ordonnées a une relation essentielle commune à toutes les courbes, et indépendante de toute propriété particuliere : c'est une supposition de plus, faite dans cette relation, qui la réduit à deux variables, et qui en fait l'équation d'une certaine courbe. Ces formules générales se joignent donc aux équations particulieres pour faciliter les éliminations. Si j'ai une relation entre deux variables, et que je veuille leur substituer deux autres, je joins à mon équation les deux formules à trois variables entre chacune des miennes et les deux que je veux introduire ; et alors j'ai assez d'équations pour éliminer, sauf les difficultés de calcul pour réaliser l'élimination.

Le besoin a d'abord forcé de chercher les formules qui devoient être du plus grand usage : telles sont les relations entre l'abscisse, l'ordonnée et la sous-tangente ; entre l'abscisse, l'ordonnée et la sous-normale ; entre l'abscisse, l'ordonnée et le rayon de courbure. Ce n'est qu'une bien petite partie des formules possibles : si on considère huit, neuf, dix variables, on trouve que leurs combinaisons trois à trois sont 56, 84, 120. Quand on ne connoîtroit d'autre problème que celui du rayon de courbure, ce seroit un inconvénient de n'avoir sa relation qu'avec les x et les y, puisque si la courbe a d'autres co-ordonnées, il faudra transformer son équation en une autre entre x et y pour en déduire l'expression du rayon de courbure, et ensuite transformer cette expression pour la ramener aux co-ordonnées primitives, tandis que ces co-ordonnées avoient une relation directe avec le rayon de courbure. On peut en faire l'épreuve sur la spirale logarithmique.

C'est la recherche des formules à trois variables qui fait l'objet de notre travail ; c'est la détermination des propriétés communes à toutes les courbes. Ces formules nous ont paru aussi curieuses qu'utiles en géométrie, et avoir des applications continuelles dans les parties mixtes : nous croyons rendre service aux géomètres en les calculant et en les leur présentant réunies dans un même ouvrage, pour y avoir recours à mesure qu'ils en auront besoin, sans même s'inquiéter des démonstrations. Nous avons supprimé celles qui sautent aux yeux de tout géometre; pour faciliter les autres, nous nous sommes astreints, autant qu'il a été possible, à ne les fonder que sur des substitutions, et à éviter les constructions géométriques. Si on prend la peine de suivre ces substitutions, on verra qu'il a fallu en inventer d'assez singulieres, et que plusieurs des combinaisons ont associé trois variables dont la relation n'étoit pas facile à découvrir.

Dans cette seconde édition, nous avons ajouté les relations entre quatre co-ordonnées: 1°. parceque la plupart servent de lemmes pour démontrer les relations entre trois co-ordonnées; et 2°. parceque souvent elles sont plus commodes dans la pratique. On en verra des exemples dans l'application de nos formules aux équations de l'ellipse. Nous avons cru aussi qu'il étoit à propos de réimprimer le mémoire sur les éclipses de soleil à cause de l'importance de cette matiere.

EXTRAIT des Registres de l'Académie royale des Sciences.

Du deux Août mil sept cent soixante-quinze.

Messieurs du Séjour et Vandermonde, qui avoient été nommés pour examiner un *Traité des Propriétés Communes à toutes les Courbes*, en ayant fait leur rapport, l'académie a jugé cet ouvrage digne d'être imprimé sous l'autorité de son privilege. En foi de quoi j'ai signé le présent certificat. A Paris, le 24 janvier 1778.

Le marquis DE CONDORCET, séc. perp.

TRAITÉ

DES PROPRIÉTÉS

COMMUNES A TOUTES LES COURBES.

1. DÉFINITIONS. Soit une courbe continue quelconque, algébrique ou transcendante, décrite sur un plan; soit un point quelconque de ce plan pris pour origine des co-ordonnées. A un point quelconque de la courbe, soit x l'abscisse, y l'ordonnée, t le rayon vecteur, f la normale, h la perpendiculaire sur la tangente abaissée de l'origine des co-ordonnées, κ le rayon de courbure, u le périmetre, r un sinus total, c'est-à-dire le rayon constant, mais arbitraire d'un cercle qui ait pour centre l'origine des co-ordonnées de la courbe, et qui serve à mesurer les angles que font entre elles la ligne des abscisses, la perpendiculaire sur la tangente, et le rayon vecteur; z l'angle du rayon vecteur avec la ligne des abscisses, m l'angle de la ligne des abscisses avec la tangente, ou le complément de l'angle de la ligne des abscisses avec la perpendiculaire sur la tangente, et n l'angle de la tangente avec le rayon vecteur, ou le complément de l'angle du rayon vecteur avec la perpendiculaire sur la tangente. Nous n'employons pas la sous-tangente et la sous-normale, parcequ'elles feroient double emploi avec l'angle m, et parceque le nombre des formules en seroit trop augmenté.

2. *Prob.* Déterminer la relation entre t, x et y.

Sol. On a $t^2 = x^2 + y^2$.

3. *Prob.* Déterminer la relation entre m, n et z.

Sol. On a $m = n + z$.

4. *Prob.* Déterminer la relation entre h, n et t.

Sol. On a $hr = t\,.\,\sin.n$, ou $dn = \frac{rtdh - hrdt}{t\sqrt{t^2 - h^2}}$.

5. *Prob.* Déterminer la relation entre f, m et y.

Sol. On a $ry = f\,.\,\cos.m$, ou $dm = \frac{rydf - frdy}{f\sqrt{f^2 - y^2}}$.

6. *Prob.* Déterminer la relation entre t, x et z.

Sol. On a $rx = t\,.\,\cos.z$, ou $dz = \frac{rxdt - rtdx}{t\sqrt{t^2 - x^2}}$.

7. *Scholie.* On a de même $ry = t \,.\, \sin.z$, ou $dz = \frac{rtdy - rydt}{t\sqrt{t^2 - y^2}}$.

8. *Coroll.* Donc on a aussi $ry = x \,.\, \text{tang}.z$, ou $dz = \frac{rxdy - rydx}{x^2 + y^2}$.

9. *Prob.* Déterminer la relation entre h, n, x et y.

Sol. Avec les équations des n°s 2 et 4, éliminons t, nous trouverons $hr = \sin.n \,.\, \sqrt{x^2 + y^2}$, ou $hr = \text{tang}.n \,.\, \sqrt{x^2 + y^2 - h^2}$.

10. *Prob.* Déterminer la relation entre h, m, t et z.

Sol. Avec les équations des n°s 3 et 4, éliminons n, nous trouverons $hr = t \,.\, \sin.\overline{m - z}$.

11. *Prob.* Déterminer la relation entre f, m, t et x.

Sol. Avec les équations des n°s 2 et 5, éliminons y, nous trouverons $f \,.\, \cos.m = r\sqrt{t^2 - x^2}$.

12. *Prob.* Déterminer la relation entre f, n, y et z.

Sol. Avec les équations des n°s 3 et 5, éliminons m, nous trouverons $ry = f \,.\, \cos.\overline{n + z}$.

13. *Prob.* Déterminer la relation entre h, n, x et z.

Sol. Avec les équations des n°s 4 et 6, éliminons t, nous trouverons $h \,.\, \cos.z = x \,.\, \sin.n$.

14. *Scholie.* On trouve de même $h \,.\, \sin.z = y \,.\, \sin.n$.

15. *Prob.* Déterminer la relation entre f, m, t et z.

Sol. Avec les équations des n°s 5 et 7, éliminons y, nous trouverons $f \,.\, \cos.m = t \,.\, \sin.\, z$.

16. *Scholie.* On trouve de même $f \,.\, \cos.m = x \,.\, \text{tang}.z$.

17. *Prob.* Déterminer la relation entre m, n, x et y.

Sol. L'équation du n° 3 donne $\cos.m = \cos.\overline{n + z}$. Donc (trig.) $r \,.\, \cos.\, m = \cos.\, n \,.\, \cos.\, z - \sin.\, n \,.\, \sin.\, z$; donc $rt \,.\, \cos.\, m = t \,.\, \cos.\, n \,.\, \cos.\, z - t \,.\, \sin.\, n \,.\, \sin.\, z$; donc (n°s 2, 6 et 7) $\cos.\, m.\sqrt{x^2 + y^2} = x \,.\, \cos.\, n - y \sin.n$. Ou bien l'équation du n° 3 donne $\sin.\, n = \sin.\overline{m - z}$; donc $r \,.\, \sin.\, n = \sin.\, m \,.\, \cos.z - \sin.z \,.\, \cos.m$; donc $\sin.n \,.\, \sqrt{x^2 + y^2} = x \,.\, \sin.\, m - y \,.\, \cos.m$.

18. *Prob.* Déterminer la relation entre t, x, y et z.

Sol. Les équations des n°s 2 et 8 donnent $t^2 dz = rxdy - rydx$.

19. *Prob.* Déterminer la relation entre h, m, n et x.

Sol. Avec les équations des n°s 3 et 13, éliminons z, nous trouverons $h \,.\, \cos.\overline{m - n} = x \,.\, \sin.n$. Donc (trig.) $h \,.\, \sin.m \sin.n + h \,.\, \cos.m \,.\, \cos.n = rx \,.\, \sin.n$; donc $rx \,.\, \sin.n - h \sin.m \sin.n = h \,.\, \cos.m \cos.n$; donc $r^2 x - hr \,.\, \sin.m = h \,.\, \cos.m \,.\, \cot.n$, ou $x \,.\, \text{séc}.m - h \,.\, \text{tang}.m = h \,.\, \cot.n$.

20. *Scholie.*

20. *Scholie.* L'élimination de n donneroit $rx \cdot \sin.m - hr^2 = x \cdot \cos.m \operatorname{tang}.z$, ou $x \cdot \operatorname{tang}.m - h \cdot \operatorname{séc}.m = x \cdot \operatorname{tang}.z$.

21. *Remarque.* On trouve de même $r^2y + hr \cdot \cos.m = h \cdot \sin.m \cot.n$, ou $h \cdot \cot.m + y \cdot \operatorname{coséc}.m = h \cdot \cot.n$, et $hr^2 + ry \cdot \cos.m = y \cdot \sin.m \cot.z$, ou $h \cdot \operatorname{coséc}.m + y \cdot \cot.m = y \cdot \cot.z$.

22. *Prob.* Déterminer la relation entre f, n, t et z.

Sol. Avec les équations des nos 3 et 15, éliminons m, nous trouverons $f \cdot \cos.\overline{n + z} = t \cdot \sin.z$. Donc (trig.) $f \cdot \cos.n \cdot \cos.z - f \cdot \sin.n \cdot \sin.z = rt \cdot \sin.z$. Donc $rt \cdot \sin.z + f \cdot \sin.n \sin.z = f \cdot \cos.n \cdot \cos.z$; donc $r^2t + fr \cdot \sin.n = f \cdot \cos.n \cdot \cot.z$, ou $f \cdot \operatorname{tang}.n + t \cdot \operatorname{séc}.n = f \cdot \cot.z$.

23. *Scholie.* L'élimination de z donneroit $fr^2 + rt \cdot \sin.n = t \cdot \cos.n \cdot \operatorname{tang}.m$, ou $f \cdot \operatorname{séc}.n + t \cdot \operatorname{tang}.n = t \cdot \operatorname{tang}.m$.

24. *Prob.* Déterminer la relation entre f, m, n et x.

Sol. Avec les équations des nos 3 et 16, éliminons z, nous trouverons $f \cdot \cos.m = x \cdot \operatorname{tang}.\overline{m - n}$.

25. *Scholie.* L'élimination de m donneroit $f \cdot \cos.\overline{n + z} = x \cdot \operatorname{tang}.z$.

26. *Prob.* Déterminer la relation entre m, n, t et x.

Sol. Avec l'équation du no 2, éliminons y dans les équations du no 17, nous trouverons $t \cdot \cos.m = x \cdot \cos.n - \sin.n \cdot \sqrt{t^2 - x^2}$, et $t \cdot \sin.n = x \cdot \sin.m - \cos.m \cdot \sqrt{t^2 - x^2}$.

27. *Scholie.* L'élimination de x donneroit $t \cdot \cos.m = \cos.n \cdot \sqrt{t^2 - y^2} - y \cdot \sin.n$, et $t \cdot \sin.n = \sin.m \cdot \sqrt{t^2 - y^2} - y \cdot \cos.m$.

28. *Prob.* Déterminer la relation entre f, n, x et y.

Sol. Avec les équations des nos 5 et 17, éliminons m, nous trouverons $ry \cdot \sqrt{x^2 + y^2} = fx \cdot \cos.n - fy \cdot \sin.n$.

29. *Prob.* Déterminer la relation entre h, m, x et y.

Sol. Égalons les deux valeurs de $\sin.n \cdot \sqrt{x^2 + y^2}$ prises des équations des nos 9 et 17, nous trouverons $hr = x \sin.m - y \cdot \cos.m$.

30. *Prob.* Déterminer la relation entre f, h, m et z.

Sol. Avec l'équation du no 5, et la seconde équation du no 21, éliminons y, nous trouverons $hr^3 + fr \cdot \cos.^2m = f \cdot \sin.m \cdot \cos.m \cdot \cot.z$.

31. *Prob.* Déterminer la relation entre f, h, n et z.

Sol. Avec les équations des nos 4 et 22, éliminons t, nous trouverons $hr^3 + fr \cdot \sin.^2n = f \cdot \sin.n \cdot \cos.n \cdot \cot.z$.

32. *Scholie.* L'élimination de n donneroit $\frac{t^2+fh}{fhr^2+t^2.\,\text{sin.}^2.\,z} = \frac{f^2+fh}{f^2r^2-t^2.\,\text{sin.}^2.\,z}$, ou $2rt = \sqrt{f^2.\text{cot.}^2z - 2fhr^2 + 2fhr.\,\text{coséc.}z} \pm \sqrt{f^2.\,\text{cot.}^2z - 2fhr^2 - 2fhr.\,\text{coséc.}z}$.

33. *Prob.* Déterminer la relation entre h, m, t et x.

Sol. Avec les équations des n°s 2 et 29, éliminons y, nous trouverons $hr = x.\,\text{sin.}\,m - \text{cos.}\,m.\sqrt{t^2 - x^2}$.

34. *Scholie.* L'élimination de x donneroit $hr = \text{sin.}\,m.\sqrt{t^2 - y^2} - y.\,\text{cos.}\,m$.

35. *Prob.* Déterminer la relation entre f, h, m et x.

Sol. Avec les équations des n°s 5 et 29, éliminons y, nous trouverons $hr^2 = rx.\,\text{sin.}\,m - f.\,\text{cos.}^2m$.

36. *Prob.* Déterminer la relation entre f, h, x et z.

Sol. Avec les équations des n°s 6 et 32, éliminons t, nous trouverons $\frac{fhr^2 + x^2.\,\text{séc.}^2.\,z}{fhr^2 + x^2.\,\text{tang}^2.\,z} = \frac{f^2r^2 + fhr^2}{f^2r^2 - x^2.\,\text{tang.}^2.\,z}$, ou

$2x.\,\text{séc.}\,z = \sqrt{f^2.\,\text{cot.}^2z - 2fhr^2 + 2fhr.\,\text{coséc.}\,z} \pm \sqrt{f^2.\,\text{cot.}^2z - 2fhr^2 - 2fhr.\,\text{coséc.}\,z}$.

37. *Scholie.* L'élimination de z donneroit $\frac{fh + t^2}{fh + t^2 - x^2} = \frac{f^2 + fh}{f^2 - t^2 + x^2}$.

38. *Remarque.* On trouve de même $\frac{t^2+fh}{y^2+fh} = \frac{f^2+fh}{f^2-y^2}$ et $\frac{fhr^2+y^2.\,\text{coséc.}^2.\,z}{fhr^2+r^2.\,y^2} = \frac{f^2+fh}{f^2-y^2}$, ou

$2y.\,\text{coséc.}\,z = \sqrt{f^2.\,\text{cot.}^2z - 2fhr^2 + 2fhr.\,\text{coséc.}\,z} \pm \sqrt{f^2.\,\text{cot.}^2z - 2fhr^2 - 2fhr.\,\text{coséc.}z}$.

39. *Prob.* Déterminer la relation entre f, h, n et x.

Sol. Avec les équations des n°s 4 et 37, éliminons t, nous trouverons $\frac{h^2.\,\text{coséc.}^2.\,n + fhr^2}{h^2.\,\text{coséc.}^2n + fhr^2 - r^2x^2} = \frac{f^2r^2 + fhr^2}{f^2r^2 - h^2.\,\text{coséc.}^2n + r^2x^2}$.

40. *Scholie.* L'élimination de h donneroit $\frac{rt^2 + ft.\,\text{sin.}n}{rt^2 + ft.\,\text{sin.}\,n - rx^2} = \frac{f^2r + ft.\,\text{sin.}n}{f^2r + rt^2 + rx^2}$, ou $rt^2 + ft.\,\text{sin.}\,n = x\sqrt{r^2t^2 + 2frt.\text{sin.}\,n + f^2r^2}$.

41. *Remarque.* On trouve de même $\frac{fhr^2 + h^2.\,\text{coséc.}^2n}{fhr^2 + r^2y^2} = \frac{f^2+fh}{f^2-y^2}$ et $\frac{ft.\,\text{sin.}n + rt^2}{ft.\,\text{sin.}n + ry^2} = \frac{f^2r + ft.\,\text{sin.}\,n}{f^2r - ry^2}$.

42. *Prob.* Déterminer la relation entre f, h, x et y.

Sol. Avec les équations des n°s 2 et 38, éliminons t, nous trouverons $\frac{x^2+y^2+fh}{y^2+fh} = \frac{f^2+fh}{f^2-y^2}$, ou $2y^2 + 2fh + x^2 = x \cdot \sqrt{x^2+4fh+4f^2}$, ou $x = \frac{y^2+fh}{\sqrt{f^2-y^2}}$.

43. *Prob.* Déterminer la relation entre f, h, m et t.

Sol. Avec les équations des n°s 5 et 38, éliminons y, nous trouverons $\frac{t^2+fh}{hr^2+f.\cos.^2 m} = \frac{f+h}{\sin.^2 m}$, ou $fr + hr = \text{tang.} m . \sqrt{t^2-h^2}$.

44. *Prob.* Déterminer la relation entre f, h, m et n.

Sol. Avec les équations des n°s 4 et 43, éliminons t, nous trouverons $h . \text{tang.} m = \text{tang.} n . (f+h)$.

45. *Prob.* Déterminer la relation entre m, x et y.

Sol. On a $rdy = \text{tang.} m . dx$.

46. *Scholie.* On a également $rdx = \cos. m . \sqrt{dx^2+dy^2}$, et $rdy = \sin. m . \sqrt{dx^2+dy^2}$.

47. *Prob.* Déterminer la relation entre m, t, x et y.

Sol. Les équations des n°s 2 et 45 donnent $rtdt - rxdx = y . \text{tang.} m . dx$.

48. *Scholie.* Ces mêmes équations donnent $rtdt - rxdx = \text{tang.} m . dx . \sqrt{t^2-x^2}$, et $rtdt - rydy = \cot. m . dy . \sqrt{t^2-y^2}$.

49. *Prob.* Déterminer la relation entre f, m, x et y.

Sol. Les équations des n°s 5 et 45 donnent $rydy = f . \sin. m . dx$, et $\frac{dy}{y} = \frac{\text{tang } m . dx}{f . \cos. m}$, ou $\frac{dy}{y} . (\text{coséc.} m - \sin. m) = \frac{rdx}{f}$.

50. *Scholie.* Avec les mêmes équations, éliminons y, nous trouverons $f . \cos. m = f . \text{tang.} m . dx$, ou $\text{séc.} m . dx = \cot. m . df - fdm$. Multiplions par $\cos. m$ chaque terme de cette équation, nous aurons $r^2 dx = \cos. m . \cot. m . df - f . \cos. m . dm$. Donc $r^2 dx = r . \text{coséc.} m . df - r . \sin. m . df - f . \cos. m . dm$; donc $r^2 dx + r . \sin. m . df + f . \cos. m . dm = r . \text{coséc.} m . df$; donc $rx + f . \sin. m = f . \text{coséc.} m . df$.

51. *Prob.* Déterminer la relation entre m, x, y et z.

Sol. Les équations des n°s 8 et 45 donnent $\frac{\text{tang.} m . dx}{x} = \frac{\text{tang.} z . dy}{y}$.

52. *Scholie.* Les mêmes équations donnent $x . \text{tang.} z = f . \text{tang.} m . dx$, ou $\frac{dx}{x} = \frac{\text{diff. tang.} z}{\text{tang.} m - \text{tang.} z}$, et $y . \cot. z = f . \cot. m . dy$, ou $\frac{dy}{y} = \frac{\text{diff. cot.} z}{\cot. m - \cot. z}$.

53. *Prob.* Déterminer la relation entre h, m et x.

Sol. L'équation du n° 29 donne $h . \text{séc.} m = x . \text{tang.} m - ry$.

Donc (n° 45) h. séc. $m = x$. tang. $m - \int$. tang. $m . dx$, ou h. séc. $m = \int . x$. diff. tang. m; donc $rxdm = r$. cos. $m . dh + h$. sin. $m . dm$.

54. *Scholie.* On trouve de même $rydm = r$. sin. $m . dh - h$. cos. $m . dm$.

55. *Prob.* Déterminer la relation entre f, x et y.

Sol. Avec les équations des n°s 5 et 46, éliminons cos. m, nous trouverons $fdx = y . \sqrt{dx^2 + dy^2}$, ou $ydy = dx . \sqrt{f^2 - y^2}$.

56. *Prob.* Déterminer la relation entre n, t, x et y.

Sol. L'équation du n° 3 donne cos. n = cos. $\overline{m - z}$. Donc (trig.) r. cos. n = sin. m. sin. z + cos. m. cos. z. Substituons à sin. z et à cos. z leurs valeurs prises des équations des n°s 6 et 7; à sin. m et à cos. m, leurs valeurs prises des équations du n° 46; nous trouverons cos. $n = \frac{rydy + rxdx}{t\sqrt{dx^2 + dy^2}}$; substituons tdt (n° 2) à $ydy + xdx$, nous aurons rdt = cos. $n . \sqrt{dx^2 + dy^2}$.

57. *Prob.* Déterminer la relation entre h, x et y.

Sol. Dans l'équation du n° 29, substituons à sin. m et à cos. m leurs valeurs prises des équations du n° 46, nous trouverons $xdy - ydx = h . \sqrt{dx^2 + dy^2}$.

58. *Prob.* Déterminer une relation différentielle entre f, m, t et x.

Sol. Avec l'équation du n° 2, et la premiere équation du n° 49, éliminons y, nous trouverons $rtdt - rxdx = f$. sin. $m . dx$.

59. *Scholie.* L'élimination de x donneroit $\frac{rydy}{f . \text{sin.} m} = \frac{tdt - ydy}{\sqrt{t^2 - y^2}}$.

60. *Prob.* Déterminer la relation entre f, m, y et z.

Sol. Avec l'équation du n° 8, et la premiere équation du n° 49, éliminons x, nous trouverons $\frac{rydy}{f . \text{sin.} m} = \frac{\text{sin.} z . \text{cos.} z . dy - rydz}{\text{sin.}^2 z}$.

61. *Prob.* Déterminer la relation entre f, m et t.

Sol. Avec les équations des n°s 11 et 50, éliminons x, nous trouverons f. sin. $m + \sqrt{r^2t^2 - f^2 . \text{cos.}^2 m} = \int$. coséc. $m . df$.

62. *Prob.* Déterminer une relation différentielle entre f, m, x et z.

Sol. Dans l'équation du n° 50, substituons (n° 16) $\frac{f \text{ cot.} z}{x}$ à séc. m, nous trouverons $\frac{f . \text{cot.} z . dx}{x}$ = cot. $m . df - fdm$.

63. *Prob.* Déterminer la relation entre f, m et z.

Sol. Avec les équations des n°s 16 et 50, éliminons x, nous trouverons fr. sin. $m + f$. cos. m. cot. $z = \int . r$. coséc. $m . df$. Ou bien, avec les équations des nos 5 et 52, éliminons y, nous trouverons $\frac{df}{f} - \frac{dm}{\text{cot.}m} = \frac{\text{diff. cot.}z}{\text{cot.}m - \text{cot.}z}$.

64. *Prob.* Déterminer la relation entre h, m, n et z.

Sol. Avec les équations des nos 13 et 53, éliminons x, nous trouverons $\frac{hr.\text{cos.}z.dm}{\text{sin.}n} = r.\text{cos.}m.dh + h.\text{sin.}m.dm$.

65. *Prob.* Déterminer la relation entre f, h et m.

Sol. Avec les équations des nos 5 et 54, éliminons y, nous trouverons $\frac{dh}{f+h} = \frac{dm}{\text{tang.}m}$.

66. *Prob.* Déterminer la relation entre f, t, x et y.

Sol. Dans l'équation du n° 55, substituons (n° 2) $t^2 - x^2$ à y^2, et $\sqrt{t^2 - x^2}$ à y, nous trouverons $dy.\sqrt{t^2 - x^2} = dx\sqrt{f^2 - t^2 + x^2}$.

67. *Scholie.* Les mêmes équations donnent $tdt - xdx = dx.\sqrt{f^2 - t^2 + x^2}$, et $\frac{tdt - ydy}{\sqrt{t^2 - y^2}} = \frac{ydy}{\sqrt{f^2 - y^2}}$.

68. *Prob.* Déterminer la relation entre f, t, y et z.

Sol. Dans l'équation du n° 55, substituons (n° 6) $\frac{t.\text{cos.}z}{r}$ à x; nous trouverons $r.\text{cos.}z.dt. - t\,\text{sin.}z.dz = \frac{r^2 ydy}{\sqrt{f^2 - y^2}}$.

69. *Prob.* Déterminer la relation entre f, x, y et z.

Sol. Dans l'équation du n° 55, substituons (n° 8) $\frac{x.\text{tang.}z}{r}$ à y, et $\frac{x^2.\text{tang.}^2 z}{r^2}$ à y^2, nous trouverons $x.\text{tang.}z.dy = dx.\sqrt{f^2 r^2 - x^2\text{tang.}^2 z}$.

70. *Scholie.* Les mêmes équations donnent $x^2.\text{tang.}^2 z = \int.2rdx.\sqrt{f^2 r^2 - x^2.\text{tang.}^2 z}$, et $y.\text{cot.}z = \int.\frac{rydy}{\sqrt{f^2 - y^2}}$.

71. *Prob.* Déterminer une relation différentielle entre f, h, x et y.

Sol. Égalons les deux valeurs de $\sqrt{f^2 - y^2}$, prises des équations des nos 42 et 55, nous trouverons $\frac{dx}{x} = \frac{ydy}{y^2 + fh}$, ou $\frac{y^2}{x^2} = \int.2fhx^{-3}dx$.

72. *Prob.* Déterminer une relation différentielle entre h, n, x et y.

Sol. Avec les équations des nos 4 et 56, éliminons t, nous trouverons $r^2 dh - h.\text{cot.}n.dn = \text{sin.}n.\text{cos.}n.\sqrt{dx^2 + dy^2}$.

73. *Prob.* Déterminer une relation différentielle entre m, n, t et x.

Sol. Égalons les deux valeurs de $\sqrt{dx^2 + dy^2}$, prises des équations des nos 46 et 56, nous trouverons $\cos. m \,.\, dt = \cos. n \,.\, dx$.

74. *Scholie.* On trouve de même $\sin. m \,.\, dt = \cos. n \,.\, dy$.

75. *Prob.* Déterminer la relation entre h, x, y et z.

Sol. Égalons les deux valeurs de $xdy - ydx$, prises des équations des nos 8 et 57, nous trouverons $x^2 dz + y^2 dz = h \,.\, \sqrt{dx^2 + dy^2}$.

76. *Prob.* Déterminer la relation entre n, x et y.

Sol. Avec les équations des nos 2 et 56, éliminons t, nous trouverons $\cos. n \cdot \sqrt{dx^2 + dy^2} = \frac{rxdx + rydy}{\sqrt{x^2 + y^2}}$.

Ou bien, avec les équations des nos 9 et 57, éliminons h, nous trouverons $\sin. n \cdot \sqrt{x^2 + y^2} = \frac{rxdy - rydx}{\sqrt{dx^2 + dy^2}}$.

Ces valeurs de $\sin. n$ et de $\cos. n$ donnent aussi $\text{tang.}\, n = \frac{rxdy - rydx}{xdx + ydy}$.

77. *Prob.* Déterminer une relation différentielle entre h, m, x et y.

Sol. Égalons les deux valeurs de $\sqrt{dx^2 + dy^2}$, prises des équations des nos 46 et 57, nous trouverons $\frac{dx}{x} = \frac{rdy}{ry + h \,.\, \text{séc.}\, m}$, ou $\frac{dy}{y} = \frac{rdx}{rx - h \,.\, \text{coséc.}\, m}$.

78. *Prob.* Déterminer la relation entre h, n, t et z.

Sol. Dans l'équation du n° 57, substituons (n° 18) $\frac{t^2 dz}{r}$ à $xdy - ydx$, et (n° 56) $\frac{rdt}{\cos. n}$ à $\sqrt{dx^2 + dy^2}$, nous trouverons $t^2 dz = h \,.\, \text{séc.}\, n \,.\, dt$.

Dans cette équation, substituons (n° 4) $\frac{hr}{\sin. n}$ à t, nous aurons $r \,.\, \sin. n \,.\, dt = h \,.\, \cot. n \,.\, dz$, ou $\frac{hdz}{dt} = \text{séc.}\, n - \cos. n$.

79. *Prob.* Déterminer la relation entre f, h et y.

Sol. Avec les équations des nos 5 et 65, éliminons m, nous trouverons $\frac{fdh}{f + h} = \frac{y^2 df - fydy}{f^2 - y^2}$.

80. *Prob.* Déterminer la relation entre f, h, m et y.

Sol. L'équation du n° 5 donne $y \,.\, \text{tang.}\, m = f \,.\, \sin. m$. Substituons $\frac{f \,.\, \sin. m}{y}$ à $\text{tang.}\, m$, dans l'équation du n° 65, nous trouverons $fydm + hydm = f \,.\, \sin. m \,.\, dh$.

81. *Prob.* Déterminer une relation différentielle entre f, h, m et x.

Sol. L'équation du numéro 65 donne $fr^2dm + hr^2dm = r \,.\, \text{sin.}\, m \;\text{séc.}\, m \,.\, dh$. Donc $hr^2dm + f \,.\, \text{cos.}^2 m \,.\, dm = r \,.\, \text{sin.}\, m \;\text{séc.}\, m \,.\, dh - f \,.\, \text{sin.}^2 m \,.\, dm$; donc (n° 35) $rxdm = r \,.\, \text{séc.}\, m \,.\, dh - f \,.\, \text{sin.}\, m \,.\, dm$.

82. *Prob.* Déterminer une relation différentielle entre f, h, y et z.

Sol. Avec les équations des n°s 8 et 71, éliminons x, nous trouverons $\frac{dy}{y} - \frac{rdz}{\text{sin.}\, z \;\text{cos.}\, z} = \frac{ydy}{y^2 + fh}$, ou $\frac{rdz}{\text{sin.}\, z \,.\, \text{cos.}\, z} = \frac{dy}{y} \,.\, \frac{fh}{y^2 + fh}$, ou $\text{sin.}\, z \,.\, \text{cos.}\, z \,.\, dy - rydz = \frac{ry^3dz}{fh}$.

83. *Scholie.* L'élimination de y donne $\text{tang.}^2 z = \int . 2fhr^2x^{-3}dx$, ou $-\frac{r^2}{x^2} = \int . f^{-1}h^{-1} \;\text{diff. tang.}^2 z$, ou $x^3 \,.\, \text{tang.}\, z \,.\, dz = fh \,.\, \text{cos.}^2 z \,.\, dx$.

84. *Prob.* Déterminer une relation différentielle entre f, h, t et x.

Sol. Avec les équations des n°s 2 et 71, éliminons y, nous trouverons $\frac{tdt}{dx} = \frac{t^2 + fh}{x}$, ou (n° 37) $\frac{tdt}{dx} = \sqrt{f^2 + 2fh + t^2}$, ou $\frac{t^2}{x^2} = \int . 2fhx^{-3}dx$.

85. *Prob.* Déterminer la relation entre f, h et x.

Sol. Avec les équations des n°s 42 et 71, éliminons y, nous trouverons $x + 2f \,.\, \frac{xdf - fdx - hdx}{fdh + hdf} = \sqrt{x^2 + 4f^2 + 4fh}$.

86. *Prob.* Déterminer une relation différentielle entre h, m, n et x.

Sol. Égalons les deux valeurs de $\sqrt{dx^2 + dy^2}$, prises des équations des n°s 46 et 72, nous trouverons $\frac{r \,.\, \text{sin.}\, n \,.\, \text{cos.}\, n \,.\, dx}{\text{cos.}\, m} = r^2dh - h \,.\, \text{cot.}\, n \,.\, dn$.

87. *Scholie.* On trouve pareillement $\frac{r \,.\, \text{sin.}\, n \,.\, \text{cos.}\, n \,.\, dy}{\text{sin.}\, m} = r^2dh - h \,.\, \text{cot.}\, n \,.\, dn$.

88. *Prob.* Déterminer une relation différentielle entre m, n, x et y.

Sol. L'équation (n° 3) $\text{cot.}\, z = \text{cot.}\, \overline{m - n}$ donne (trig.) $\text{cot.}\, z = \frac{r^2 + \text{tang.}\, m \,.\, \text{tang.}\, n}{\text{tang.}\, m - \text{tang.}\, n}$. Donc $\frac{\text{cot.}\, z}{\text{tang.}\, m} = \frac{\text{cot.}\, m + \text{tang.}\, n}{\text{tang.}\, m - \text{tang.}\, n}$; donc (n°s 8 et 45) $\frac{xdx}{ydy} = \frac{\text{cot.}\, m + \text{tang.}\, n}{\text{tang.}\, m - \text{tang.}\, n}$.

Ou bien, avec les équations des n°s 2 et 73, éliminons t, nous trouverons $\sqrt{x^2 + y^2} = \int . \frac{\text{cos.}\, n \,.\, dx}{\text{cos.}\, m}$.

89. *Prob.* Déterminer une relation différentielle entre h, m, t et x.

Sol. Avec les équations des nos 4 et 73, éliminons n, nous trouverons $\frac{rdx}{\text{cos.} m} = \frac{tdt}{\sqrt{t^2 - h^2}}$.

90. *Scholie.* On trouve de même $\frac{rdy}{\text{sin.} m} = \frac{tdt}{\sqrt{t^2 - h^2}}$.

91. *Prob.* Déterminer une relation différentielle entre f, m, n et t.

Sol. Avec les équations des nos 50 et 73, éliminons dx, nous trouverons $\text{séc.} n dt = \text{cot.} m \,.\, df - fdm$.

92. *Prob.* Déterminer une relation différentielle entre f, n, t et y.

Sol. Avec les équations des nos 5 et 74, éliminons m, nous trouverons $f \,.\, \text{cos.} n \,.\, dy = rdt \cdot \sqrt{f^2 - y^2}$.

93. *Prob.* Déterminer la relation entre n, x, y et z.

Sol. Égalons les deux valeurs de $rxdy - rydx$, prises des équations des nos 8 et 76, nous trouverons $\frac{dz}{\text{tang.} n} = \frac{xdx + ydy}{x^2 + y^2}$.

94. *Prob.* Déterminer la relation entre h, m, n et t.

Sol. Avec les équations des nos 3 et 78, éliminons z, nous trouverons $t^2 dm - t^2 dn = h \,.\, \text{séc.} n \,.\, dt$.

95. *Prob.* Déterminer la relation entre f, h et z.

Sol. Avec les équations des nos 63 et 65, éliminons m, nous trouverons $fr \,.\, e^{\int \cdot \frac{dh}{f+h}} + f \,.\, \text{cot.} z \,.\, \left(r^2 - e^{\int \cdot \frac{2dh}{f+h}}\right)^{\frac{1}{2}} =$
$= r^3 f \,.\, df \,.\, e^{-\int \cdot \frac{dh}{f+h}}$.

Ou bien, égalons les deux valeurs de x^2, prises des équations des nos 36 et 83, nous trouverons $-\frac{2r^2 \,.\, \text{séc.}^2 z}{f \,.\, f^{-1} h^{-1} \text{ diff. tang.}^2 z} + 2fhr^2$
$- f^2 \,.\, \text{cot.}^2 z = f \,.\, \text{cot.} z \cdot \sqrt{f^2 \,.\, \text{cot.}^2 z - 4hr^2 (f + h)}$.

96. *Prob.* Déterminer une relation différentielle entre f, h, t et z.

Sol. Avec les équations des nos 6 et 84, éliminons x, nous trouverons $\frac{dt}{t} - \frac{dz}{\text{cot.} z} = \frac{tdt}{t^2 + fh}$, ou $\frac{dz}{\text{cot.} z} = \frac{dt}{t} \cdot \frac{fh}{t^2 + fh}$, ou $\text{cot.} z \,.\, dt$
$- tdz = \frac{t^3 dz}{fh}$.

97. *Prob.* Déterminer une relation différentielle entre f, n, t et x.

Sol. Avec les équations des nos 4 et 84, éliminons h, nous trouverons $\frac{rdt}{dx} = \frac{rt + f \,.\, \text{sin.} n}{x}$, ou $\frac{rt}{x} = f \,.\, \text{sin.} n \,.\, x^{-2} dx$, ou (n° 40) $\frac{rtdt}{dx} = (f^2 r^2 + 2frt \,.\, \text{sin.} n + r^2 t^2)^{\frac{1}{2}}$.

98. *Scholie.* L'élimination de t donneroit $\frac{dx}{x} = \frac{r^2 dh - h \,.\, \text{cot.} n \,.\, dn}{hr^2 + f \,.\, \text{sin.}^2 n}$.

99. *Prob.*

99. *Prob.* Déterminer une relation différentielle entre f, h, t et y.

Sol. Égalons les deux valeurs de $\frac{dx}{x}$ prises des équations des nos 71 et 84, nous trouverons $\frac{tdt}{ydy} = \frac{t^2 + fh}{y^2 + fh}$, ou $\frac{tdy - ydt}{tdt - ydy} = \frac{fh}{ty}$, ou (n° 38) $\frac{tdt}{ydy} = \frac{f^2 + fh}{f^2 - y^2}$.

100. *Prob.* Déterminer une relation différentielle entre f, n x et y.

Sol. Avec les équations des nos 5 et 88, éliminons cos. m, nous trouverons $\sqrt{x^2 + y^2} = \int . \frac{f . \cos . n . dx}{ry}$.

101. *Prob.* Déterminer une relation différentielle entre f, h, m et t.

Sol. Avec les équations des nos 50 et 89, éliminons dx, nous trouverons $\cot . m . df - fdm = \frac{rtdt}{\sqrt{t^2 - h^2}}$, ou (n° 43) $\frac{\cot . m . df - fdm}{tdt} = \frac{\text{tang} . m}{f + h}$.

102. *Prob.* Déterminer une relation différentielle entre f, n, y et z.

Sol. Avec les équations des nos 7 et 92, éliminons t, nous trouverons $y . \text{coséc} . z = \int . \frac{f . \cos . n . dy}{\sqrt{f^2 - y^2}}$.

103. *Prob.* Déterminer la relation entre n, t et z.

Sol. Dans l'équation du n° 93, substituons (n° 2) t^2 à $x^2 + y^2$, et tdt à $xdx + ydy$, nous trouverons $tdz = \text{tang} . n . dt$.

104. *Prob.* Déterminer une relation différentielle entre f, n, t et z.

Sol. Avec les équations des nos 6 et 97, éliminons x, nous trouverons $\frac{dt}{t} - \frac{dz}{\cot . z} = \frac{rdt}{rt + f . \sin . n}$, ou $\frac{dz}{\cot . z} = \frac{dt}{t} . \frac{f . \sin . n}{rt + f . \sin . n}$, ou $\cot . z . dt - tdz = \frac{rt^2 dz}{f . \sin . n}$.

105. *Prob.* Déterminer la relation entre f, n et x.

Sol. Avec les équations des nos 40 et 97, éliminons t, nous trouverons $f . \sin . n + x . \int f . \sin . n . x^{-2} dx = fr . \cos . n . (- r^2 + f^2 . \int f . \sin . n . x^{-2} dx)^{-\frac{1}{2}}$.

106. *Prob.* Déterminer une relation différentielle entre f, h, n et y.

Sol. Égalons les deux valeurs de $\frac{dx}{x}$ prises des équations des nos 71 et 98, nous trouverons $\frac{ydy}{y^2 + fh} = \frac{r^2 dh - h . \cot . n . dn}{hr^2 + f . \sin .^2 n}$.

107. *Prob.* Déterminer la relation entre f, h, n et t.

Sol. Égalons les deux valeurs de $\frac{dx}{x}$ prises des équations des nos 84 et 98, nous trouverons $\frac{tdt}{t^2+fh} = \frac{r^2dh - h.\cot.n.dn}{hr^2+f.\sin.^2n}$.

108. *Prob.* Déterminer la relation entre m, n et t.

Sol. Avec les équations des nos 3 et 103, éliminons z, nous trouverons $\frac{dt}{t} + \frac{dn}{\text{tang.}n} = \frac{dm}{\text{tang.}n}$.

109. *Prob.* Déterminer la relation entre h, t et z.

Sol. Avec les équations des nos 4 et 103, éliminons n, nous trouverons $hrdt = tdz\cdot\sqrt{t^2 - h^2}$, ou $t^2dz = h\cdot\sqrt{t^2dz^2 + r^2dt^2}$.

110. *Prob.* Déterminer la relation entre n, t, x et z.

Sol. Les équations des nos 6 et 103 donnent $\frac{rx}{\cos.z} = \frac{\text{tang.}n.dt}{dz}$, ou $rxdz = \text{tang.}n.\cos.z.dt$.

111. *Scholie.* On trouve de même $rydz = \text{tang.}n.\sin.z.dt$.

112. *Prob.* Déterminer la relation entre n, t et x.

Sol. Avec les équations des nos 6 et 103, éliminons z, nous trouverons $\text{tang.}n = \frac{rxdt - rtdx}{dt\sqrt{t^2 - x^2}}$.

113. *Scholie.* L'élimination de t donneroit $\cot.n - \text{tang.}z = \frac{r^2dx}{xdz}$.

114. *Remarque.* On trouve de même $\text{tang.}n = \frac{rtdy - rydt}{dt\sqrt{t^2-y^2}}$, et $\cot.n + \cot.z = \frac{r^2dy}{ydz}$.

115. *Prob.* Déterminer une relation différentielle entre h, m, x et z.

Sol. L'équation du no 73 donne $\cos.m.\text{tang.}n.dt = r.\sin.n.dx$. Substituons (no 4) $\frac{hr}{t}$ à $\sin.n$, et (no 103) $\frac{tdz}{dt}$ à $\text{tang.}n$, nous aurons $hr^2dx = t^2.\cos.m.dz$; substituons (no 6) $\frac{rx}{\cos.z}$ à t, nous trouverons $h.\cos.^2z.dx = x^2.\cos.m.dz$.

116. *Scholie.* On trouveroit de même $h.\sin.^2z.dy = y^2.\sin.m.dz$.

117. *Prob.* Déterminer la relation entre h, m et n.

Sol. Avec les équations des nos 4 et 108, éliminons t, nous trouverons $hdm = \text{tang.}n.dh$.

118. *Prob.* Déterminer la relation entre h, x et z.

Sol. Avec les équations des nos 6 et 109, éliminons t, nous trouverons $hr.\cos.z.dx + hx.\sin.z.dz = xdz\cdot\sqrt{r^2x^2 - h^2.\cos.^2z}$.

119. *Scholie.* On trouveroit de même $hr.\sin.z.dy - hy.\cos.z.dz = ydz\cdot\sqrt{r^2y^2 - h^2.\sin.^2z}$.

120. *Prob.* Déterminer la relation entre h, t, x et z.

Sol. L'équation du n° 109 donne $hr.\cos.^2z.dt = t.\cos.z.dz\cdot\sqrt{t^2.\cos.^2z - h^2.\cos.^2z}$. Substituons (n° 6) rx à $t.\cos.z$, et r^2x^2 à $t^2.\cos.^2z$, nous trouverons $h.\cos.^2z.dt = xdz\cdot\sqrt{r^2x^2 - h^2.\cos.^2z}$.

121. *Scholie.* On trouve de même $h.\sin.^2z.dt = ydz\cdot\sqrt{r^2y^2 - h^2.\sin.^2z}$.

122. *Prob.* Déterminer la relation entre h, t, x et y.

Sol. Avec les équations des n°s 18 et 109, éliminons dz, nous trouverons $xdy - ydx = \frac{htdt}{\sqrt{t^2 - h^2}}$.

123. *Prob.* Déterminer la relation entre f, t et z.

Sol. Égalons les deux valeurs de $\frac{t^2dz}{h}$ prises des équations des n°s 96 et 109, nous trouverons $f.\cot.z.dt - ftdz = t\sqrt{t^2dz^2 + r^2dt^2}$.

124. *Prob.* Déterminer la relation entre h, t et x.

Sol. Avec les équations des n°s 4 et 112, éliminons n, nous trouverons $\frac{hdt}{\sqrt{t^2 - h^2}} = \frac{xdt - tdx}{\sqrt{t^2 - x^2}}$.

125. *Scholie.* On trouve de même $\frac{hdt}{\sqrt{t^2 - h^2}} = \frac{tdy - ydt}{\sqrt{t^2 - y^2}}$.

126. *Prob.* Déterminer la relation entre m, n et x.

Sol. Dans l'équation du n° 113, substituons (n° 3) $dm - dn$ à dz, et (trig.) $\frac{r^2.\text{tang}.m - r^2.\text{tang}.n}{r^2 + \text{tang}.m.\text{tang}.n}$ à $\text{tang}.z$, nous trouverons $\frac{r^2dm - r^2dn}{\text{tang}.m + \cot.n} = \frac{\sin.^2ndx}{x}$.

127. *Scholie.* On trouveroit de même $\frac{r^2dm - r^2dn}{\cot.m - \cot.n} = -\frac{\sin.^2n.dy}{y}$.

128. *Prob.* Déterminer la relation entre f, m, n et z.

Sol. Dans l'équation du n° 113, substituons (n° 16) $\frac{f.\cos.m}{\text{tang}.z}$ à x, et (n° 50) $\cos.m.\cot.m.df - f.\cos.m.dm$ à r^2dx, nous trouverons $\text{tang}.n.\cot.m.df = f.\text{tang}.n.dm + f.\cot.z.dz - f.\text{tang}.n.dz$.

129. *Prob.* Déterminer une relation différentielle entre f, h, n et z.

Sol. Égalons les deux valeurs de $\frac{dx}{x}$ prises des équations des numéros 98 et 113, nous trouverons cot. $n \,.\, dz$ — tang. $z \,.\, dz = \frac{r^4 dh - hr^2 .\, \text{cot.}n \,.\, dn}{hr^2 + f .\, \text{sin.}^2 n}$.

130. *Prob.* Déterminer une relation différentielle entre h, m, t et z.

Sol. Avec les équations des nos 6 et 115, éliminons x, nous trouverons cot.$z \,.\, dt - tdz = \frac{t^2 .\, \text{cos.}\, m \,.\, dz}{h \,.\, \text{sin}\, z}$.

131. *Scholie.* Avec les équations des nos 7 et 116, si nous éliminions y, nous trouverions tang.$z \,.\, dt + tdz = \frac{t^2 .\, \text{sin.}m \,.\, dz}{h \,.\, \text{cos.}\, z}$.

132. *Prob.* Déterminer la relation entre m, n, x et z.

Sol. Avec les équations des nos 13 et 115, éliminons h, nous trouverons x . cos.$m \,.\, dz$ = sin.n . cos.$z \,.\, dx$.

133. *Scholie.* Les équations des nos 14 et 116 donnent y. sin.$m.dz$ = sin.n . sin.z . dy.

134. *Prob.* Déterminer la relation entre m, t, x et z.

Sol. L'équation (n° 115) $hr^2 dx = t^2 .\, \text{cos.}m \,.\, dz$ donne $\frac{t^2 dz}{h}$ = séc.$m \,.\, dx$. Substituons séc.$m \,.\, dx$ à $\frac{t^2 dz}{h}$, dans l'équation du n° 109, nous trouverons séc.$m \,.\, dx = \sqrt{t^2 dz^2 + r^2 dt^2}$.

135. *Scholie.* On trouveroit de même
coséc.$m dy = \sqrt{t^2 dz^2 + r^2 dt^2}$.

136. *Prob.* Déterminer la relation entre h, n et z.

Sol. Avec les équations des nos 3 et 117, éliminons m, nous trouverons $hdn + hdz$ = tang.$n \,.\, dh$.

137. *Scholie.* L'élimination de n donneroit hdm = tang.$\overline{m - z}.dh$.

138. *Prob.* Déterminer la relation entre h, m et t.

Sol. Avec les équations des nos 4 et 117, éliminons n, nous trouverons $rdh = dm \cdot \sqrt{t^2 - h^2}$.

139. *Prob.* Déterminer la relation entre f, h et n.

Sol. Avec les équations des nos 44 et 117, éliminons m, nous trouverons $\frac{h^2 .\, \text{cos.}^2 n \,.\, df}{f + h} = r^2 hdh - h^2 .\, \text{cot.}n \,.\, dn + f .\, \text{sin.}^2 n \,.\, dh$.

140. *Prob.* Déterminer une relation différentielle entre h, n, x et z.

Sol. Avec les équations des nos 13 et 118, éliminons cos.z, nous trouverons r . sin.$n \,.\, dx = x$. cos.$n \,.\, dz$ — h . sin.$z \,.\, dz$.

141. *Scholie.* Les équations des nos 14 et 119 donneroient r . sin.$n \,.\, dy = y$. cos.$n \,.\, dz + h$. cos.$z \,.\, dz$.

142. *Prob.* Déterminer la relation entre h, n, t et x.

Sol. L'équation du n° 4 donne t . cos.$n = r \cdot \sqrt{t^2 - h^2}$. Substituons $\frac{t.\cos.n}{r}$ à $\sqrt{t^2-h^2}$ dans l'équation du n° 124, nous trouverons $\frac{hrdt}{t.\cos.n}=\frac{xdt-tdx}{\sqrt{t^2-x^2}}$.

143. *Scholie.* On trouve de même $\frac{hrdt}{t.\cos.n}=\frac{tdy-ydt}{\sqrt{t^2-y^2}}$.

144. *Prob.* Déterminer la relation entre f, n et y.

Sol. Avec les équations des nos 5 et 127, éliminons m, nous trouverons $frydn.\sqrt{f^2-y^2}+f.\sin.n.\cos.n.dy.\sqrt{f^2-y^2}=r^2y^2df-fy.\cos.^2.n.dy$.

145. *Scholie.* L'élimination de y donneroit $\frac{r^2dm-r^2dn}{\cot.m-\cot n}=\frac{\sin.^2n.dm}{\cot.m}-\frac{\sin.^2n.df}{f}$.

146. *Prob.* Déterminer la relation entre f, m, n et y.

Sol. Dans l'équation du n° 127, substituons (n° 5) $\frac{f.\cos.m}{r}$ à y, nous trouverons $\frac{rdm-rdn}{\cot.m-\cot.n}=-\frac{\sin.^2n.dy}{f.\cos.m}$.

147. *Prob.* Déterminer une relation différentielle entre f, m, n et x.

Sol. Égalons les deux valeurs de $\frac{dy}{y}$, prises des équations des nos 49 et 127, nous trouverons $\frac{r^2dm-r^2dn}{\cot.m-\cot.n}=-\frac{\text{tang}.m}{\cos.m}\times\frac{\sin.^2n.dx}{f}$, ou $\frac{\text{coséc}.m-\sin.m}{\cot.m-\cot.n}=-\frac{\sin.^2n}{fr}.\frac{dx}{dm-dn}$.

148. *Prob.* Déterminer la relation entre f, n et z.

Sol. Avec les équations des nos 22 et 103, éliminons t, nous trouverons $f.\cos.n.\cot.z-fr.\sin.n=r^2e^{\int\cot.n.dz}$.

Ou bien, avec les équations des nos 3 et 128, éliminons m, nous trouverons $\text{tang}.n.\cot.\overline{n+z}.df=f.\text{tang}.n.dn+f.\cot.z.dz$.

149. *Scholie.* L'élimination de n donneroit l'équation du n° 63, et l'élimination de z donneroit l'équation du n° 145.

150. *Prob.* Déterminer la relation entre m, n, t et z.

Sol. Avec les équations des nos 4 et 130, éliminons h, nous trouverons $\cot.z.dt-tdz=\frac{rt.\cos.m.dz}{\sin.n.\sin.z}$.

151. *Scholie.* Les équations des nos 4 et 131 donneroient $\text{tang}.z.dt+tdz=\frac{rt.\sin.m.dz}{\sin.n.\cos.z}$.

152. *Prob.* Déterminer la relation entre m, t et z.

Sol. Égalons les deux valeurs de $\frac{t^2dz}{h}$, prises des équations des nos 130 et 131, nous trouverons $\frac{\text{tang.}m}{\text{cot.}z} = \frac{\text{tang.}z \cdot dt + tdz}{\text{cot.}z \cdot dt - tdz}$.

153. *Scholie.* Dans les équations des nos 130 et 131, si on substitue (n° 109) $\sqrt{t^2dz^2 + r^2dt^2}$ à $\frac{t^2dz}{h}$, on trouve $\frac{\text{cos.}m}{\text{sin.}z} = \frac{\text{cot.}z\ dt - tdz}{\sqrt{t^2dz^2 + r^2dt^2}}$ et $\frac{\text{sin.}m}{\text{cos.}z} = \frac{\text{tang.}z \cdot dt + tdz}{\sqrt{t^2dz^2 + r^2dt^2}}$.

154. *Prob.* Déterminer une relation différentielle entre f, n, x et z.

Sol. Avec les équations des nos 13 et 83, éliminons h, ou bien, avec les équations des nos 16 et 132, éliminons cos. m, nous trouverons $x^2 . \text{tang.}z . dz = f . \text{sin.}n . \text{cos.}z . dx$.

155. *Prob.* Déterminer une relation différentielle entre f, h, m et n.

Sol. Égalons les deux valeurs de $\frac{\text{cos.}z}{x}$, prises des équations des nos 13 et 132, nous trouverons $\text{sin.}^2 . ndx = h . \text{cos.}m . dz$. Avec cette équation, et celle du n° 50, éliminons dx, nous aurons $\frac{dz}{\text{sin.}^2 n} = \frac{\text{cot.}m . df - fdm}{hr^2}$; à z substituons (n° 3) $m - n$, nous aurons $\frac{dm - dn}{\text{sin.}^2 n} = \frac{\text{cot.}m . df - fdm}{hr^2}$.

156. *Prob.* Déterminer la relation entre f, n et t.

Sol. Avec les équations des nos 4 et 139, éliminons h, nous trouverons $\frac{rt^2 . \text{cos.}^2 n . df}{fr + t . \text{sin.}n} = r^2 tdt + fr . \text{sin.}n . dt + ft . \text{cos.}n . dn$.

157. *Scholie.* L'élimination de n donneroit $\frac{tdt + fdh}{t^2 - h^2} = \frac{df}{f + h}$; et si nous éliminions m avec les équations des nos 43 et 65, nous trouverions $\frac{fr + hr}{\sqrt{f^2 + 2fh + t^2}} = e^{\int \frac{dh}{f + h}}$.

158. *Prob.* Déterminer la relation entre h, n et x.

Sol. Avec les équations des nos 136 et 140, éliminons dz, nous trouverons $\frac{hr^2 . \text{cos.}n . dx}{r^2dh - h . \text{cot.}n . dn} = x . \text{cos.}n - \sqrt{h^2r^2 - x^2 . \text{sin.}^2 n}$.

159. *Scholie.* On trouve de même $\frac{hr^2 . \text{cos.}n . dy}{r^2dh - h . \text{cot}\ n . dn} = y . \text{cos.}n + \sqrt{h^2r^2 - y^2 . \text{sin.}^2 n}$.

160. *Prob.* Déterminer la relation entre f, m, t et z.

Sol. Égalons les deux valeurs de séc. $m . dx$, prises des équations des nos 50 et 134, nous trouverons $\text{cot.}m . df - fdm = \sqrt{t^2dz^2 + r^2dt^2}$.

Ou bien, l'équation du n° 15 donne $\frac{\text{tang}.m}{\text{cot}.z} = \frac{f.\sin.m}{t.\cos.z}$. Substituons cette valeur de $\frac{\text{tang}.m}{\text{cot}.z}$ dans l'équation du n° 152, nous trouverons $\frac{f.\sin.m}{t.\cos.z} = \frac{\text{tang}.z.dt + tdz}{\text{cot}.z.dt - tdz}$.

Ou bien, dans l'équation du n° 153, substituons $\text{cot}.m.df - fdm$ à $\sqrt{t^2dz^2 + r^2dt^2}$, nous trouverons $\frac{\sin.m}{\cos.z} = \frac{\text{tang}.z.dt + tdz}{\text{cot}.m.df - fdm}$, et $\frac{\cos.m}{\sin z} = \frac{\text{cot}.z.dt - tdz}{\text{cot}.m.df - fdm}$.

Ou bien, avec les équations des n°s 22 et 23, éliminons séc.n, nous trouverons tang.$n = \frac{t^2.\text{tang}.m - f^2.\text{cot}.z}{t^2 - f^2}$. Avec cette équation, et celle du n° 103, éliminons tang.n, nous aurons $\frac{tdz}{dt} = \frac{t^2.\text{tang}.m - f^2.\text{cot}.z}{t^2 - f^2}$, ou $\frac{f^2}{t^2} = \frac{\text{tang}.m.dt - tdz}{\text{cot}.z.dt - tdz}$.

161. *Prob.* Déterminer la relation entre f, t, x et z.

Sol. Avec les équations des n°s 103 et 154, éliminons n, nous trouverons $ft.\cos.z.\text{cot}.z.dx = rx^2.\sqrt{t^2dz^2 + r^2dt^2}$, ou $ftdx.(\text{coséc}.z - \sin.z) = x^2.\sqrt{t^2dz^2 + r^2dt^2}$.

162. *Prob.* Déterminer une relation différentielle entre f, h, m et z.

Sol. Avec les équations des n°s 5 et 14, éliminons y, nous trouverons $hr.\sin.z = f.\cos.m.\sin.n$. Dans l'équation (n° 155) $\frac{dz}{\sin.^2 n} = \frac{\text{cot}.m.df - fdm}{hr^2}$, substituons $\frac{hr.\sin.z}{f.\cos.m}$ à $\sin.n$, nous trouverons $\frac{dz}{h.\sin.^2 z} = \frac{\text{cot}.m.df - fdm}{f^2.\cos.^2 m}$.

163. *Prob.* Déterminer la relation entre u, x et y.

Sol. On a $du^2 = dx^2 + dy^2$.

164. *Prob.* Déterminer la relation entre t, u et x.

Sol. Avec les équations des n°s 2 et 163, éliminons y, nous trouverons $\sqrt{t^2 - x^2} = f.\sqrt{du^2 - dx^2}$.

165. *Scholie.* L'élimination de x donneroit

$$\sqrt{t^2 - y^2} = f.\sqrt{du^2 - dy^2}.$$

166. *Prob.* Déterminer la relation entre u, x et z.

Sol. Avec les équations des n°s 8 et 163, éliminons y, nous trouverons $x.\text{tang}.z = f.r\sqrt{du^2 - dx^2}$.

167. *Scholie.* L'élimination de x donneroit

$$y.\text{cot}.z = f.r.\sqrt{du^2 - dy^2}.$$

168. *Prob.* Déterminer la relation entre m, u et x.

Sol. Égalons les deux valeurs de $\sqrt{dx^2 + dy^2}$, prises des équations des nos 46 et 163, nous trouverons $rdx = \cos. m . du$.

169. *Scholie.* On trouveroit de même $rdy = \sin. m . du$.

170. *Prob.* Déterminer la relation entre f, u, x et y.

Sol. Égalons les deux valeurs de $\sqrt{dx^2 + dy^2}$, prises des équations des nos 55 et 163, nous trouverons $fdx = ydu$.

171. *Prob.* Déterminer la relation entre n, t et u.

Sol. Égalons les deux valeurs de $\sqrt{dx^2 + dy^2}$, prises des équations des nos 56 et 163, nous trouverons $rdt = \cos. n . du$.

172. *Prob.* Déterminer la relation entre h, u, x et y.

Sol. Égalons les deux valeurs de $\sqrt{dx^2 + dy^2}$, prises des équations des nos 57 et 163, nous trouverons $hdu = xdy - ydx$.

173. *Prob.* Déterminer la relation entre n, u, x et y.

Sol. Égalons les deux valeurs de $\sqrt{dx^2 + dy^2}$, prises des équations des nos 76 et 163, nous trouverons $\cos. n . du = \frac{rxdx + rydy}{\sqrt{x^2 + y^2}}$, ou $r\sqrt{x^2 + y^2} = f . \cos. n . du$.

174. *Scholie.* On trouveroit également $\sin. n . du = \frac{rxdy - rydx}{\sqrt{x^2 + y^2}}$.

175. *Prob.* Déterminer la relation entre h, m, u et x.

Sol. Avec les équations des nos 53 et 168, éliminons $\cos. m$, nous trouverons $rxdm - h . \sin. m . dm = \frac{r^2 dh . dx}{du}$.

176. *Scholie.* On trouveroit de même $rydm + h . \cos. m . dm = \frac{r^2 dh . dy}{du}$.

177. *Prob.* Déterminer la relation entre n, u, x et z.

Sol. Égalons les deux valeurs de $\frac{dx}{\cos. m}$, prises des équations des nos 132 et 168, nous trouverons $rxdz = \sin. n . \cos. z . du$.

178. *Scholie.* On trouve de même $rydz = \sin. n . \sin. z . du$.

179. *Prob.* Déterminer la relation entre m, t, u et x.

Sol. Avec les équations des nos 2 et 169, éliminons y, nous trouverons $r\sqrt{t^2 - x^2} = f . \sin. m . du$.

180. *Scholie.* On trouveroit de même $r\sqrt{t^2 - y^2} = f . \cos. m . du$.

181. *Prob.* Déterminer la relation entre f, m et u.

Sol. Avec les équations des nos 5 et 169, éliminons y, nous trouverons $f . \cos. m = f . \sin. m . du$, ou $rdu = \cot. m . df - fdm$.

182. *Scholie.*

182. *Scholie.* Cette équation donne $dm = \frac{\text{cot}.m.df}{f} - \frac{rdu}{f}$.
Donc $m = \int . \frac{\text{cot}.m.df}{f} - \int . \frac{rdu}{f}$; donc

$$\text{cot}.m = \text{cot}.\left(\int . \frac{\text{cot}.m.df}{f} - \int . \frac{rdu}{f}\right).$$

183. *Prob.* Déterminer la relation entre f, m, u et y.

Sol. Les équations des n°s 5 et 169 donnent $\frac{dy}{y} = \frac{rdu}{f.\text{cot}.m}$.

184. *Prob.* Déterminer la relation entre m, t, u et z.

Sol. Avec les équations des n°s 7 et 169, éliminons y, nous trouverons $t.\sin.z = \int.\sin.m.du$.

185. *Scholie.* On trouveroit également $t.\cos.z = \int.\cos.m.du$.

186. *Prob.* Déterminer la relation entre m, u, x et z.

Sol. Avec les équations des n°s 8 et 169, éliminons y, nous trouverons $x.\text{tang}.z = \int.\sin.m.du$.

187. *Scholie.* On trouveroit de même $y.\text{cot}.z = \int.\cos.m.du$.

188. *Prob.* Déterminer la relation entre m, u et z.

Sol. Avec les équations des n°s 168 et 169, éliminons x et y dans l'équation du n° 8, nous trouverons $r.\int.\sin.m.du = \text{tang}.z.\int.\cos.m.du$.

189. *Prob.* Déterminer la relation entre f, h, u et x.

Sol. Dans l'équation du n° 35, substituons à sin. m et à cos. m leurs valeurs prises des équations des n°s 168 et 169, nous aurons $fdx^2 + hdu^2 = xdu.dy$. Donc (n° 163) $fdx^2 + hdu^2 = xdu.\sqrt{du^2 - dx^2}$.

190. *Prob.* Déterminer la relation entre f, u, x et z.

Sol. Avec les équations des n°s 8 et 170, éliminons y, nous trouverons $frdx = x.\text{tang}.z.du$.

191. *Scholie.* L'élimination de x donneroit $y.\text{cot}.z = \int.\frac{rydu}{f}$.

192. *Prob.* Déterminer la relation entre f, n, u et x.

Sol. Avec les équations des n°s 28 et 170, éliminons y, nous trouverons $x.\cos.n.du^2 - f.\sin.n.du.dx = rdx.\sqrt{f^2dx^2 + x^2du^2}$.

193. *Prob.* Déterminer la relation entre f, u et y.

Sol. Avec les équations des n°s 55 et 170, éliminons dx, nous trouverons $fdy = du.\sqrt{f^2 - y^2}$, ou $ydu = f.\sqrt{du^2 - dy^2}$.

194. *Prob.* Déterminer la relation entre f, u, et x.

Sol. Avec les équations des n°s 163 et 170, éliminons y, nous trouverons $\frac{fdx}{du} = \int\sqrt{du^2 - dx^2}$.

195. *Prob.* Déterminer la relation entre f, m, u et x.

Sol. Avec les équations des n°s 169 et 170, éliminons y, nous trouverons $\frac{frdx}{du} = f.\ \sin.m.\ du$.

196. *Prob.* Déterminer la relation entre h, n, t et u.

Sol. Les équations des n°s 4 et 171 donnent $rtdt = h.\cot.n.\ du$.

197. *Prob.* Déterminer la relation entre n, t, u et z.

Sol. Les équations des n°s 103 et 171 donnent tang.n . cos.n = $\frac{tdz}{dt} \times \frac{rdt}{du}$, ou $tdz = \sin.n.\ du$.

198. *Prob.* Déterminer la relation entre f, n t et u.

Sol. Avec les équations des n°s 156 et 171, éliminons dt, nous trouverons $\frac{rt^2.\ \cos.n.\ df}{fr + t.\ \sin.n} = rtdu + f.\ \sin.n.\ du + ftdn$.

199. *Prob.* Déterminer la relation entre h, n et u.

Sol. Avec les équations des n°s 4 et 171, éliminons t, nous trouverons $h.\ \text{coséc}.n = f.\ \cos.n.\ du$, ou $\sin.n.\ \cos.n.\ du = r^2dh - h.\ \cot.n.\ dn$.

Ou bien égalons les deux valeurs de $\sqrt{dx^2 + dy^2}$, prises des équations des n°s 72 et 163, nous trouverons de même $\sin.n.\cos.n.du = r^2dh - h.\ \cot.n.\ dn$.

200. *Prob.* Déterminer la relation entre h, u et x.

Sol. Avec les équations des n°s 163 et 172, éliminons y, nous trouverons $hdu = x\sqrt{du^2 - dx^2} - dx.\ f.\ \sqrt{du^2 - dx^2}$.

201. *Scholie.* L'élimination de x donneroit

$$hdu = dy.\ f.\ \sqrt{du^2 - dy^2} - y.\ \sqrt{du^2 - dy^2}.$$

202. *Prob.* Déterminer la relation entre m, u, x et y.

Sol. Égalons les deux valeurs de $\sin.n.\ \sqrt{x^2 + y^2}$, prises des équations des n°s 17 et 173, nous trouverons

$$x.\ \sin.m.\ du - y.\ \cos.m.\ du = rxdy - rydx.$$

203. *Prob.* Déterminer la relation entre m, n, u et x.

Sol. Avec les équations des n°s 3 et 177, éliminons z, nous trouverons $\cos.\overline{m - n} = \frac{rx}{\sin.n} \cdot \frac{dm - dn}{du}$.

204. *Scholie.* On trouveroit de même $\sin.\overline{m - n} = \frac{ry}{\sin.n} \cdot \frac{dm - dn}{du}$.

205. *Prob.* Déterminer la relation entre m, n, u et z.

Sol. Avec les équations des n°s 169 et 178, éliminons y, nous trouverons $\frac{\sin.n.\ \sin.z.\ du}{dz} = f.\ \sin.m.\ du$.

206. *Scholie.* On trouveroit également $\frac{\sin.n.\cos.z.du}{dz} = f.\cos.m.du.$

207. *Prob.* Déterminer la relation entre f, h et u.

Sol. Avec les équations des nos 65 et 181, éliminons m, nous trouverons $f.(r^2 - e\int\cdot\frac{2dh}{f+h})^{\frac{1}{2}} = f.du.e\int\cdot\frac{dh}{f+h}$.

208. *Scholie.* Si on se réduisoit à éliminer dm, on trouveroit $\frac{\text{tang}.m.dh}{f+h} = \frac{\cot.m.df - rdu}{f}$.

209. *Prob.* Déterminer la relation entre f, m, u et z.

Sol. Égalons les deux valeurs de $\frac{dy}{y}$, prises des équations des nos 52 et 183, nous trouverons $\frac{rdu}{f.\cot.m} = \frac{\text{diff}.\cot.m}{\cot.m - \cot.z}$, ou $\cot.m = \frac{r.\cot.z.du}{rdu - f.\text{diff}.\cot.z}$, ou $r^2du - fr.\text{diff}.\cot.z = \text{tang}.m.\cot.z.du$.

210. *Prob.* Déterminer la relation entre f, h, u et y.

Sol. Égalons les deux valeurs de $f^2 - y^2$, prises des équations des nos 79 et 193, nous trouverons $(ydf - fdy) \times (f+h).ydu^2 = f^3dh.dy^2$.

211. *Prob.* Déterminer la relation entre f, n, u et y.

Sol. Avec les équations des nos 144 et 193, éliminons dy, nous trouverons

$$frydn + y.\cos.^2n.du = \frac{r^2y^2df}{\sqrt{f^2 - y^2}} - \sin.n.\cos.n.du.\sqrt{f^2 - y^2}.$$

212. *Prob.* Déterminer la relation entre m, n, t et u.

Sol. Avec les équations des nos 3 et 197, éliminons z, nous trouverons $tdm - tdn = \sin.n.du$.

213. *Prob.* Déterminer la relation entre h, t, u et z.

Sol. Avec les équations des nos 4 et 197, éliminons $\sin.n$, nous trouverons $hrdu = t^2dz$.

214. *Scholie.* L'élimination de t donneroit $hrdz = \sin.^2n.du$.

215. *Prob.* Déterminer la relation entre n, t, u et x.

Sol. Avec les équations des nos 6 et 197, éliminons dz, nous trouverons $\sin.n.du = \frac{rxdt - rtdx}{\sqrt{t^2 - x^2}}$.

216. *Scholie.* On trouveroit de même $\sin.n.du = \frac{rtdy - rydt}{\sqrt{t^2 - y^2}}$.

217. *Prob.* Déterminer la relation entre n, u et z.

Sol. Avec les équations des nos 171 et 197, éliminons t, nous trouverons $\frac{r.\sin.n.du}{dz} = f.\cos.n.du$. Avec les équations des nos 103 et 197, nous trouverions $\frac{\sin.n.du}{dz} = e^{\int.\cot.n.dz}$.

218. *Scholie.* L'élimination de n donne $tdz = r\sqrt{du^2 - dt^2}$, ou $rdu = \sqrt{t^2dz^2 + r^2dt^2}$, ou $rdt = \sqrt{r^2du^2 - t^2dz^2}$.

219. *Prob.* Déterminer la relation entre f, n et u.

Sol. Avec les équations des n°s 171 et 198, éliminons t, nous trouverons $rdu + fdn = \frac{r.\cos.n.df.\int.\cos.n.du}{fr^2 - \sin.n.\int.\cos.n\,du} - \frac{fr.\sin.n.du}{\int.\cos.n.du}$.

220. *Prob.* Déterminer la relation entre f, h, n et u.

Sol. Égalons les deux valeurs de $r^2dh - h.\cot.n.dn$, prises des équations des n°s 139 et 199, nous trouverons

$$\frac{h^2.\cos.^2n.df}{f+h} = h.\sin.n.\cos.n.du - f.\sin.^2n.dh.$$

221. *Prob.* Déterminer la relation entre h, n, u et x.

Sol. Égalons les deux valeurs de $r^2dh - h.\cot.n.dn$, prises des équations des n°s 158 et 199, nous trouverons

$$\frac{h.\text{coséc}.n.dx}{du} = x.\cos.n - \sqrt{h^2r^2 - x^2.\sin.^2n}.$$

222. *Scholie.* On trouve de même

$$\frac{h.\text{coséc}.n.dy}{du} = y.\cos.n + \sqrt{h^2r^2 - y^2.\sin.^2n}.$$

223. *Prob.* Déterminer la relation entre n, u et x.

Sol. Avec les équations des n°s 199 et 200, éliminons h, nous trouverons $du.\int.\cos.n.du = x.\text{coséc}.n.\sqrt{du^2 - dx^2} - \text{coséc}.n.dx.\int.\sqrt{du^2 - dx^2}$.

224. *Scholie.* On trouve de même $du.\int.\cos.n.du = \text{coséc}.n.dy.\int.\sqrt{du^2 - dy^2} - y.\text{coséc}.n.\sqrt{du^2 - dy^2}$.

225. *Prob.* Déterminer la relation entre f, u et z.

Sol. Avec les équations des n°s 182 et 209, éliminons $\cot.m$, nous trouverons

$$\frac{r.\cot.z.du}{rdu - \int.\text{diff}.\cot.z} = \cot.\left(\int.\frac{df}{f}.\frac{r.\cot.z.du}{rdu - \int.\text{diff}.\cot.z} - \int.\frac{rdu}{f}\right).$$

226. *Prob.* Déterminer la relation entre h, u, x et z.

Sol. Avec les équations des n°s 6 et 213, éliminons t, nous trouverons $rx^2dz = h.\cos.^2z.du$.

227. *Scholie.* On trouve de même $ry^2dz = h.\sin.^2z.du$.

228. *Prob.* Déterminer la relation entre h, t, u et x.

Sol. Égalons les deux valeurs de $\frac{tdz}{r}$, prises des équations des n°s 6 et 213, nous trouverons $\frac{hdu}{t} = \frac{xdt - tdx}{\sqrt{t^2 - x^2}}$.

229. *Scholie.* On trouve de même $\frac{hdu}{t} = \frac{tdy - ydt}{\sqrt{t^2 - y^2}}$.

230. *Prob.* Déterminer la relation entre h, m, n et u.

Sol. Avec les équations des n°s 3 et 214, éliminons z, nous trouverons $hrdm - hrdn = \sin.^2 n \,.\, du$.

231. *Scholie.* L'élimination de n donneroit $\frac{hrdz}{du} = \sin.^2 \overline{m - z}$.

232. *Prob.* Déterminer la relation entre m, n et u.

Sol. Avec les équations des n°s 3 et 217, éliminons z, nous trouverons $\frac{r \,.\, \sin. n \,.\, du}{dm - dn} = f \,.\, \cos. n \,.\, du$.

233. *Prob.* Déterminer la relation entre u, x, y et z.

Sol. Avec les équations des n°s 2 et 218, éliminons t, nous trouverons $r\sqrt{x^2 + y^2} = f \,.\, \sqrt{r^2du^2 - x^2dz^2 - y^2dz^2}$.

234. *Prob.* Déterminer la relation entre t, u, x et z.

Sol. Dans l'équation du n° 218, substituons (n° 6) $\frac{rx}{\cos. z}$ à t, nous trouverons $xdz = \cos. z \,.\, \sqrt{du^2 - dt^2}$.

235. *Scholie.* On trouve de même $ydz = \sin. z \,.\, \sqrt{du^2 - dt^2}$.

236. *Prob.* Déterminer la relation entre f, t, u et z.

Sol. Égalons les deux valeurs de $\sqrt{t^2dz^2 + r^2dt^2}$, prises des équations des n°s 123 et 218, nous trouverons $f \,.\, \cot. z \,.\, dt - ftdz = rtdu$.

237. *Prob.* Déterminer la relation entre h, t et u.

Sol. Égalons les deux valeurs de $\frac{xdy - ydx}{h}$, prises des équations des n°s 122 et 172, nous trouverons $tdt = du \,.\, \sqrt{t^2 - h^2}$.

Ou bien égalons les deux valeurs de t^2dz, prises des équations des n°s 213 et 218, nous trouverons $hdu = t\sqrt{du^2 - dt^2}$.

238. *Prob.* Déterminer la relation entre f, h, u et z.

Sol. Avec les équations des n°s 32 et 213, éliminons t, nous trouverons $2r \,.\, \sqrt{\frac{hrdu}{dz}} = \sqrt{f^2 \,.\, \cot.^2 z - 2fhr^2 + 2fhr \,.\, \operatorname{coséc.} z} \pm \sqrt{f^2 \,.\, \cot.^2 z - 2fhr^2 - 2fhr \,.\, \operatorname{coséc.} z}$.

Ou bien, avec les équations des n°s 36 et 226, éliminons x^2, nous trouverons $\frac{frdz + r^2du}{frdz + \sin.^2 z \,.\, du} = \frac{frdz \,.\, (f + h)}{f^2rdz - hr \,.\, \sin.^2 z \,.\, du}$, ou $f^2hrdz^2 + 2fh \,.\, \sin.^2 z \,.\, dz \,.\, du - f^2 \,.\, \cos.^2 z \,.\, dz \,.\, du + hr \,.\, \sin.^2 z \,.\, du^2 = 0$, ou $2fhrdz + 2h \,.\, \sin.^2 z \,.\, du - f \,.\, \cos.^2 z \,.\, du = \cos. z \,.\, du \,.\, \sqrt{f^2 \,.\, \cos.^2 z - 4h \,.\, \sin.^2 z \,.\, (f + h)}$.

239. *Prob.* Déterminer la relation entre f, n, u et z.

Sol. Avec les équations des n°s 22 et 171, éliminons t, nous trouverons $\int . \cos.n . \cot.z - fr . \sin.n = \int . r . \cos.n . du$.

Ou bien l'équation du n° 128 donne $\text{tang}.n . (\cot.m . df - fdm) = fdz . (\cot.z - \text{tang}.n)$. Substituons (n° 181) rdu à $\cot.m . df - fdm$, nous trouverons $\text{tang}.n = \frac{f . \cot.z . dz}{fdz + rdu}$.

Ou bien égalons les deux valeurs de $\frac{dt}{t}$, prises des équations des n°s 103 et 236, nous trouverons également $\text{tang}.n = \frac{f . \cot.z . dz}{fdz + rdu}$.

240. *Prob.* Déterminer la relation entre h, m et u.

Sol. Les équations des n°s 138 et 237 donnent $du - \frac{hdm}{r} = \frac{tdt - hdh}{\sqrt{t^2 - h^2}}$. Donc $u - \int . \frac{hdm}{r} = \sqrt{t^2 - h^2}$; donc $u - \int . \frac{hdm}{r} = \frac{rdh}{dm}$; donc $\int . hdm = ru - \frac{r^2 dh}{dm}$, ou $ru - hm = \frac{r^2 dh}{dm} - \int . mdh$.

241. *Prob.* Déterminer la relation entre h, m, t et u.

Sol. Égalons les deux valeurs de $\sqrt{t^2 - h^2}$, prises des équations des n°s 138 et 237, nous trouverons $\frac{dh}{dm} = \frac{tdt}{rdu}$.

242. *Prob.* Déterminer la relation entre t, u, x et y.

Sol. Égalons les deux valeurs de hdu, prises des équations des n°s 172 et 237, nous trouverons $xdy - ydx = t\sqrt{du^2 - dt^2}$.

243. *Prob.* Déterminer la relation entre h, u et z.

Sol. L'équation du n° 237 donne $t^2 = \int . 2du . \sqrt{t^2 - h^2}$; à t^2 substituons (n° 213) $\frac{hrdu}{dz}$, nous trouverons

$$\frac{hrdu}{dz} = \int . \frac{2du}{dz} . \sqrt{hdz . (rdu - hdz)}.$$

244. *Prob.* Déterminer la relation entre f, m, n et u.

Sol. Avec les équations des n°s 23 et 171, éliminons t, nous trouverons $\cos.n . \text{tang}.m - r . \sin.n = \frac{fr^2}{\int . \cos.n . du}$.

Ou bien l'équation du n° 88 donne $\frac{\cot.z}{\text{tang}.n} = \frac{\text{tang}.m + \cot.n}{\text{tang}.m - \text{tang}.n}$. Substituons cette valeur de $\frac{\cot.z}{\text{tang}.n}$ dans l'équation du n° 239, nous trouverons $\frac{fdz + rdu}{fdz} = \frac{\text{tang}.m + \cot.n}{\text{tang}.m - \text{tang}.n}$. Donc $\frac{rdu}{fdz} = \frac{\cot.n + \text{tang}.n}{\text{tang}.m - \text{tang}.n}$; donc (n° 3) $\frac{rdu}{fdm - fdn} = \frac{\cot.n + \text{tang}.n}{\text{tang}.m - \text{tang}.n}$.

245. *Prob.* Déterminer la relation entre m, t et u.

Sol. Avec les équations des n°s 237 et 241, éliminons h, nous trouverons $\int . \frac{tdt.dm}{rdu} = \frac{t\sqrt{du^2 - dt^2}}{du}$.

246. *Prob.* Déterminer la relation entre f, t, u *et* y.

Sol. Avec les équations des n°s 2 et 170, éliminons x, nous trouverons $\sqrt{t^2 - y^2} = \int . \frac{ydu}{f}$.

Ou bien égalons les deux valeurs de $\frac{dh}{dm}$, prises des équations des n°s 65 et 241, nous trouverons $fdu + hdu = \frac{rtdt}{\text{cot.}m}$. Substituons à cot. m sa valeur prise de l'équation du n° 183, nous aurons $fdu + hdu = \frac{tdt}{du} . \frac{fdy}{y}$; substituons à hdu sa valeur prise de l'équation du n° 237, nous trouverons $fdu + t\sqrt{du^2 - dt^2} = \frac{tdt}{du} . \frac{fdy}{y}$.

247. *Prob.* Déterminer la relation entre f, t, u et x.

Sol. Dans les deux équations du n° 246, substituons à y sa valeur prise de l'équation du n° 2, nous trouverons $fdx = du . \sqrt{t^2 - x^2}$, ou $fdu + t\sqrt{du^2 - dt^2} = \frac{ftdt}{du} . \frac{tdt - xdx}{t^2 - x^2}$.

248. *Prob.* Déterminer la relation entre f, m, t et u.

Sol. Avec les équations des n°s 11 et 168, éliminons x, nous trouverons $\sqrt{r^2t^2 - f^2 . \cos.^2 m} = f . \cos.m . du$.

Ou bien égalons les deux valeurs de $\frac{dy}{y}$, prises des équations des n°s 183 et 246, nous trouverons $frdu + rt\sqrt{du^2 - dt^2} = t . \text{tang.}m . dt$.

249. *Prob.* Déterminer la relation entre f, h, t et u.

Sol. Égalons les deux valeurs de $t^2 - h^2$, prises des équations des n°s 157 et 237, nous trouverons $(tdt + fdh) \times (f + h) . du^2 = t^2dt^2 . df$.

Ou bien, avec l'équation du n° 43 et la seconde équation du n° 248, éliminons tang. m, nous trouverons $\frac{tdt}{\sqrt{t^2 - h^2}} = \frac{fdu + t\sqrt{du^2 - dt^2}}{f + h}$.

250. *Prob.* Déterminer la relation entre f, t et u.

Sol. Avec l'équation du n° 237, et la premiere équation du n° 249, éliminons h, nous trouverons $tdt + f . \text{diff.} \frac{t\sqrt{du^2 - dt^2}}{du} = \frac{df}{du} . \frac{t^2dt^2}{fdu + t\sqrt{du^2 - dt^2}}$.

Ou bien, avec les équations des nos 218 et 236, éliminons z, nous trouverons $\frac{rtdu + fr\sqrt{du^2 - dt^2}}{fdt} = \text{cot.} \int . \frac{r\sqrt{du^2 - dt^2}}{t}$,

251. *Définition.* Soit AP (*fig.* 1) une abscisse, PM une ordonnée, et MN une normale à un point M. Par des points m, μ, soient menées les normales mn, $\mu\nu$, qui coupent la normale MN en des points t, T : on appelle *rayon de courbure* la limite des lignes Mt, MT, c'est-à-dire une ligne MC à laquelle elles approchent d'autant plus d'être égales que le point m, μ, a été pris plus près du point M.

252. *Prob.* Déterminer la relation entre k, m et u.

Sol. Dans le triangle Mmt le côté Mm est l'accroissement du périmetre, et l'angle Mtm est le décroissement de l'angle de la normale, ou l'accroissement de l'angle de la tangente avec la ligne des abscisses. Plus les points M, m, sont proches, plus le côté Mm approche d'être un arc de cercle qui a Mt pour rayon, et par conséquent d'être à l'angle Mtm dans le rapport de Mt au sinus total : donc le rapport de Mt au sinus total est la limite du rapport de l'accroissement du périmetre à l'accroissement de l'angle de la tangente avec la ligne des abscisses : donc $\kappa : r :: du : dm$. Donc $kdm = rdu$.

253. *Prob.* Déterminer la relation entre k, n, u et z.

Sol. Avec les équations des nos 3 et 252, éliminons m, nous trouverons $rdu = kdn + kdz$.

254. *Prob.* Déterminer la relation entre f, k, u et y.

Sol. Avec les équations des nos 5 et 252, éliminons dm, nous trouverons $kydf - fkdy = fdu . \sqrt{f^2 - y^2}$.

255. *Prob.* Déterminer la relation entre k, n, t et u.

Sol. Avec les équations des nos 108 et 252, éliminons dm, nous trouverons $rtdu = ktdn + k . \text{tang.} n . dt$.

256. *Prob.* Déterminer la relation entre h, k, n et u.

Sol. Avec les équations des nos 117 et 252, éliminons dm, nous trouverons $hrdu = k . \text{tang.} n . dh$.

257. *Prob.* Déterminer la relation entre h, k, t et u.

Sol. Avec les équations des nos 138 et 252, éliminons dm, nous trouverons $kdh = du . \sqrt{t^2 - h^2}$.

258. *Prob.* Déterminer la relation entre k, m, x et y.

Sol. Avec les équations des nos 163 et 252, éliminons du, nous trouverons $kdm = r\sqrt{dx^2 + dy^2}$.

259. *Prob.* Déterminer la relation entre k, m et x.

Sol.

Sol. Avec les équations des nos 168 et 252, éliminons du, nous trouverons $\frac{\cos.m.dm}{r} = \frac{rdx}{k}$, ou $\sin.m = \int.\frac{rdx}{k}$.

260. *Scholie.* On trouve de même $\frac{\sin.m.dm}{r} = \frac{rdy}{k}$, ou $\cos.m = -\int.\frac{rdy}{k}$.

261. *Prob.* Déterminer la relation entre k, m, n et t.

Sol. Avec les équations des nos 171 et 252, éliminons du, nous trouverons $kdm = \text{séc}.n.dt$.

262. *Prob.* Déterminer la relation entre h, k, m et x.

Sol. Avec les équations des nos 175 et 252, éliminons du, nous trouverons $r^3dh.dx = krx.dm^2 - hk.\sin.m.dm^2$.

263. *Scholie.* On trouve de même $r^3dh.dy = kry.dm^2 + h.k.\cos.m.dm^2$.

264. *Prob.* Déterminer la relation entre k, m, t et x.

Sol. Avec les équations des nos 179 et 252, éliminons du, nous trouverons $r^2\sqrt{t^2 - x^2} = \int.k.\sin.m.dm$.

265. *Scholie.* On trouve de même $r^2\sqrt{t^2 - y^2} = \int.k.\cos.m.dm$.

266. *Prob.* Déterminer la relation entre f, k, m et u.

Sol. Avec les équations des nos 181 et 252, éliminons dm, nous trouverons $\frac{rdu}{\cot.m} = \frac{kdf}{f+k}$, ou $\text{tang}.m = \frac{kr}{f+k}.\frac{df}{du}$.

267. *Prob.* Déterminer la relation entre f, k, m et y.

Sol. Avec les équations des nos 183 et 252, éliminons du, nous trouverons $kydm = f.\cot.m.dy$.

268. *Prob.* Déterminer la relation entre k, m, x et z.

Sol. Avec les équations des nos 186 et 252, éliminons du, nous trouverons $rx.\text{tang}.z = \int.k.\sin.m.dm$.

269. *Scholie.* On trouve de même $ry.\cot.z = \int.k.\cos.m.dm$.

270. *Prob.* Déterminer la relation entre k, m, u et z.

Sol. Les équations des nos 188 et 252 donnent $\int.k.\sin.m.dm = \text{tang}.z.\int.\cos.m.du$, ou $\int.k.\cos.m.dm = \cot.z.\int.\sin.m.du$.

271. *Prob.* Déterminer la relation entre k, m et z.

Sol. Avec les équations des nos 188 et 252, éliminons du, nous trouverons $r.\int.k.\sin.m.dm = \text{tang}.z.\int.k.\cos.m.dm$.

272. *Prob.* Déterminer la relation entre f, k, m et x.

Sol. Avec les équations des nos 195 et 252, éliminons du, nous trouverons $\frac{fr^3dx}{kdm} = \int.k.\sin.m.dm$.

273. *Prob.* Déterminer la relation entre k, m, n et x.

Sol. Avec les équations des n°s 203 et 252, éliminons du, nous trouverons $\cos.\overline{m-n} = \frac{x.\,\text{coséc.}\,n}{k} \cdot \frac{dm-dn}{dm}$.

274. *Scholie.* On trouve de même

$$\sin.\overline{m-n} = \frac{y.\,\text{coséc.}\,n}{k} \cdot \frac{dm-dn}{dm}.$$

275. *Prob.* Déterminer la relation entre k, m, n et z.

Sol. Avec les équations des n°s 217 et 252, éliminons du, nous trouverons $\frac{kr.\,\sin.n.\,dm}{dz} = \int.\,k.\,\cos.n.\,dm$.

276. *Prob.* Déterminer la relation entre k, m, t et z.

Sol. Avec les équations des n°s 218 et 252, éliminons du, nous trouverons $kdm = \sqrt{t^2dz^2 + r^2dt^2}$, ou $tdz = \sqrt{k^2dm^2 - r^2dt^2}$.

277. *Prob.* Déterminer la relation entre h, k, m et n.

Sol. Avec les équations des n°s 230 et 252, éliminons du, nous trouverons $hr^2dm - hr^2dn = k.\,\sin.^2n.\,dm$.

278. *Prob.* Déterminer la relation entre h, k, m et z.

Sol. Avec les équations des n°s 231 et 252, éliminons du, nous trouverons $\frac{hr^2dz}{kdm} = \sin.^2\overline{m-z}$.

279. *Prob.* Déterminer la relation entre k, m, n et u.

Sol. Avec les équations des n°s 232 et 252, nous trouvons $\frac{k.\,\sin.n.\,dm}{dm-dn} = \int.\,\cos.n.\,du$, ou $\frac{kr^2.\,\sin.n.\,du}{rdu-kdn} = \int.\,k.\,\cos.n.\,dm$.

280. *Prob.* Déterminer la relation entre k, n et u.

Sol. Avec les équations des n°s 232 et 252, éliminons dm, nous trouverons $\frac{kr.\,\sin.du}{rdu-kdn} = \int.\,\cos.n.\,du$.

281. *Scholie.* L'élimination de du donneroit $\frac{kr.\,\sin.n.\,dm}{dm-dn} = \int.\,k.\,\cos.n.\,dm$.

282. *Prob.* Déterminer la relation entre h, k, m et t.

Sol. Avec les équations des n°s 237 et 252, éliminons du, nous trouverons $rtdt = kdm.\sqrt{t^2-h^2}$.

283. *Prob.* Déterminer la relation entre h, k et u.

Sol. Avec les équations des n°s 240 et 252, éliminons dm, nous trouverons $\int.\,\frac{hdu}{k} = u - \frac{kdh}{du}$.

284. *Scholie.* L'élimination de du donneroit

$$\int.\,kdm - \int.\,hdm = \frac{r^2dh}{dm}.$$

285. *Prob.* Déterminer la relation entre h, k et t.

Sol. Avec les équations des nos 241 et 252, éliminons du, nous trouverons $kdh = tdt$.

286. *Prob.* Déterminer la relation entre k, t et u.

Sol. Avec les équations des nos 245 et 252, éliminons dm, nous trouverons $\int . \frac{tdt}{k} = \frac{t\sqrt{du^2 - dt^2}}{du}$.

287. *Scholie.* L'élimination de du donneroit

$$\int . \frac{tdt}{k} = \frac{t\sqrt{k^2dm^2 - r^2dt^2}}{kdm}.$$

288. *Prob.* Déterminer la relation entre f, k, m et t.

Sol. Avec les équations des nos 248 et 252, éliminons du, nous trouverons $r\sqrt{r^2t^2 - f^2 . \cos.^2 m} = f.k.\cos.m.dm$, ou $t.\text{tang}.m.dt - fkdm = t\sqrt{k^2dm^2 - r^2dt^2}$.

289. *Prob.* Déterminer la relation entre k, n, u et x.

Sol. Dans l'équation du no 113, substituons à tang. z sa valeur prise de l'équation du no 166, et à dz sa valeur prise de l'équation du no 253, nous trouverons

$$x . \cot.n - \frac{kr^2dx}{rdu - kdn} = \int . r . \sqrt{du^2 - dx^2}.$$

290. *Scholie.* On trouve de même

$$y . \cot.n - \frac{kr^2dy}{rdu - kdn} = - \int . r\sqrt{du^2 - dy^2}.$$

291. *Prob.* Déterminer la relation entre k, n et z.

Sol. Avec les équations des nos 217 et 253, éliminons du, nous trouverons $\frac{dn + dz}{dz} . k . \sin.n = \int . \frac{k . \cos.n}{r} . \overline{dn + dz}$.

292. *Scholie.* L'élimination de n donneroit

$$\frac{rdu}{dz} . \sin.\left(- z + \int . \frac{rdu}{k}\right) = \int . du . \cos.\left(- z + \int . \frac{rdu}{k}\right).$$

293. *Prob.* Déterminer la relation entre h, k, n et t.

Sol. Avec les équations des nos 196 et 255, éliminons du, nous trouverons $hkt . dn = \text{tang}.n . dt . (t^2 - hk)$.

294. *Prob.* Déterminer la relation entre h, k, n et x.

Sol. Avec les équations des nos 221 et 256, éliminons du, nous trouverons $\frac{h^2r}{k} . \frac{\cot.n . dx}{\sin.n . dh} = x . \cos.n - \sqrt{h^2r^2 - x^2 . \sin.^2 n}$.

295. *Scholie.* L'élimination de n donneroit

$$\frac{k^2dh^2+h^2du^2}{du^2}=\frac{kxdh-h\sqrt{k^2dh^2+h^2du^2-x^2du^2}}{dx}.$$

296. *Remarque.* On trouveroit de même $\frac{k^2r}{k}\cdot\frac{\cot.n\ dy}{\sin.n.dh}=y.\cos.n+\sqrt{h^2r^2-y^2.\sin.^2n}$, et $\frac{k^2dh^2+h^2du^2}{du^2}=\frac{kydh+h\sqrt{k^2dh^2+h^2du^2-y^2du^2}}{dy}$.

297. *Prob.* Déterminer la relation entre h, k, u et z.

Sol. Avec les équations des n°s 213 et 257, éliminons t^2, nous trouverons $\frac{hrdu}{dz}=\frac{k^2dh^2+h^2du^2}{du^2}$.

298. *Prob.* Déterminer la relation entre h, k, t et x.

Sol. Avec les équations des n°s 228 et 257, éliminons du, nous trouverons $\frac{hkdh}{t\sqrt{t^2-h^2}}=\frac{xdt-tdx}{\sqrt{t^2-x^2}}$.

299. *Scholie.* On trouve de même $\frac{hkdh}{t\sqrt{t^2-h^2}}=\frac{tdy-ydt}{\sqrt{t^2-y^2}}$.

300. *Prob.* Déterminer la relation entre f, k, x et y.

Sol. Avec les équations des n°s 5 et 259, éliminons m, nous trouverons $\frac{\sqrt{f^2-y^2}}{f}=\int.\frac{dx}{k}$, ou $\frac{f^2dx}{ky}=\frac{ydf-fdy}{\sqrt{f^2-y^2}}$.

301. *Prob.* Déterminer la relation entre f, k et x.

Sol. L'équation du n° 50 donne $rdx+f.\ \text{diff.}\sin.m=\frac{r^2df}{\sin.m}-\sin.m.df$; à $\sin.m$ substituons (n° 259) $\int.rk^{-1}dx$, nous trouverons $dx+fk^{-1}dx=\frac{df}{\int.k^{-1}dx}-df.\int.k^{-1}dx$.

302. *Prob.* Déterminer la relation entre h, k et x.

Sol. L'équation du n° 53 donne $\sin.m.dh-h.\ \text{diff.}\sin.m=\frac{r^2dh}{\sin.m}-\frac{rx.\ \text{diff.}\sin m}{\sin.m}$; à $\sin.m$ substituons (n° 259) $\int.rk^{-1}dx$, nous trouverons $kdh.\int.k^{-1}dx-hdx=\frac{kdh-xdx}{\int.k^{-1}dx}$.

303. *Scholie.* On trouve de même $kdh.\int.k^{-1}dy-hdy=\frac{kdh-ydy}{\int.k^{-1}dy}$.

304. *Prob.* Déterminer la relation entre f, h, k et x.

Sol. Avec les équations des n°s 65 et 259, éliminons m, nous trouverons $e^{\int.\frac{dh}{f+h}}=\int.\frac{rdx}{k}$.

305. *Prob.* Déterminer la relation entre k, n, x et z.

Sol. Égalons les deux valeurs de $\frac{dx}{\cos.m}$, prises des équations des nos 132 et 259, nous trouverons $x \,.\, \text{séc.}\, z \,.\, dz = k \,.\, \sin.\, n \,.\, dm$. Substituons (no 3) $dn + dz$ à dm, nous aurons $x \,.\, \text{séc.}\, z \,.\, dz = k \,.\, \sin.\, n \,.\, dn + k \,.\, \sin.\, n \,.\, dz$.

306. *Scholie.* On trouve de même

$$y \,.\, \text{coséc.}\, z \,.\, dz = k \,.\, \sin.\, n \,.\, dn + k \,.\, \sin.\, n \,.\, dz.$$

307. *Prob.* Déterminer la relation entre k, m, u et x.

Sol. Avec les équations des nos 163 et 259, éliminons dy, nous trouverons $k \,.\, \sin.\, m \,.\, dm = r^2 \sqrt{du^2 - dx^2}$.

308. *Scholie.* On trouve de même

$$k \,.\, \cos.\, m \,.\, dm = r^2 \sqrt{du^2 - y^2}.$$

309. *Prob.* Déterminer la relation entre k, u, x et y.

Sol. Avec les équations des nos 169 et 259, éliminons $\sin.\, m$, nous trouverons $\frac{dy}{du} = \int . \frac{dx}{k}$, ou $y = u \,.\, \int . \frac{dx}{k} - \int . \frac{udx}{k}$.

310. *Scholie.* On trouveroit également

$$\frac{dx}{du} = -\int . \frac{dy}{k}, \text{ ou } x = -u \,.\, \int . \frac{dy}{k} + \int . \frac{udy}{k}.$$

311. *Prob.* Déterminer la relation entre h, k, m et u.

Sol. Avec les équations des nos 175 et 259, éliminons x, nous trouverons $hr \,.\, \sin.\, m \,.\, du + kr \,.\, \cos.\, m \,.\, dh = du \,.\, f \,.\, k \,.\, \cos.\, m \,.\, dm$.

312. *Scholie.* On trouveroit également

$$kr \,.\, \sin.\, m \,.\, dh - hr \,.\, \cos.\, m \,.\, du = du \,.\, f \,.\, k \,.\, \sin.\, m \,.\, dm.$$

313. *Prob.* Déterminer la relation entre f, k et y.

Sol. Les équations des nos 5 et 260 donnent $\frac{y}{f} = -\int . \frac{dy}{k}$, ou $\frac{fdy - ydf}{f^2} = -\frac{dy}{k}$, ou $\frac{df}{f+k} = \frac{df}{f} - \frac{dy}{y}$, ou $\frac{dy}{y} = \frac{k}{f} \,.\, \frac{df}{f+k}$.

314. *Prob.* Déterminer la relation entre k, n, t et z.

Sol. Avec les équations des nos 3 et 261, éliminons m, nous trouverons $kdn + kdz = \text{séc.}\, n \,.\, dt$.

315. *Prob.* Déterminer la relation entre f, k, u et z.

Sol. Avec les équations des nos 209 et 266, éliminons $\text{tang.}\, m$, nous trouverons $\frac{kdf}{f+k} = \frac{rdu - f.\, \text{diff. cot.}\, z}{\cot.\, z}$.

316. *Prob.* Déterminer la relation entre f, k et u.

Sol. Avec les équations des n°s 252 et 266, éliminons m, nous trouverons $\frac{kr}{f+k} \cdot \frac{df}{du} = \text{tang.} \int . \frac{rdu}{k}$.

317. *Scholie.* L'élimination de du donneroit $\frac{df}{f+k} = \frac{dm}{\text{cot.} m}$.

318. *Remarque.* Cette équation donne $dm = \frac{\text{cot.} m \,.\, df}{f+k}$. Donc $m = \int . \frac{\text{cot.} m \,.\, df}{f+k}$; donc $\text{cot.} m = \text{cot.} \int . \frac{\text{cot.} m \,.\, df}{f+k}$.

319. *Prob.* Déterminer la relation entre h, k, n et z.

Sol. Avec les équations des n°s 3 et 277, éliminons m, nous trouverons $k \,.\, \text{sin.}^2 n = \frac{hr^2 dz}{dn + dz}$.

320. *Prob.* Déterminer la relation entre k, n et x.

Sol. Avec les équations des n°s 259 et 281, éliminons m, nous trouverons $\frac{r \,.\, \text{sin.} n \,.\, dx}{rk^{-1} dx - dn . \sqrt{1 - f^2 . k^{-1} dx}} = \int . \frac{\text{cos.} n \quad dx}{\sqrt{1 - f^2 . k^{-1} dx}}$.

321. *Scholie.* On a de même

$$\frac{r \,.\, \text{sin}\, n \,.\, dy}{rk^{-1} dy - dn \sqrt{1 - f^2 . - k^{-1} dy}} = \int . \frac{\text{cos.} n \,.\, dy}{\sqrt{1 - f^2 . - k^{-1} dy}}.$$

322. *Prob.* Déterminer la relation entre h, k, x et y.

Sol. Avec les équations des n°s 2 et 285, éliminons t, nous trouverons $kdh = xdx + ydy$.

323. *Prob.* Déterminer la relation entre k, n et t.

Sol. Avec les équations des n°s 4 et 285, éliminons h, nous trouverons

$$\frac{t \,.\, \text{sin.} n}{r} = \int . \frac{tdt}{k}, \text{ ou } r^2 tdt - kr \,.\, \text{sin.} n \,.\, dt = kt \,.\, \text{cos.} n \,.\, dn.$$

324. *Scholie.* L'élimination de t donneroit

$$\frac{h^2 r^2}{\text{sin.}^2 n} = \int . 2kdh, \text{ ou } k \,.\, \text{sin}^2 n \,.\, dh = r^2 hdh - h^2 . \text{cot.} n \,.\, dn.$$

325. *Prob.* Déterminer la relation entre h, k, x et z.

Sol. Avec les équations des n°s 6 et 285, éliminons t, nous trouverons $x^2 . \text{séc.}^2 z = \int . 2r^2 kdh$.

326. *Scholie.* On trouve de même $y^2 . \text{coséc.}^2 z = \int . 2r^2 kdh$.

327. *Prob.* Déterminer la relation entre k, t, x et y.

Sol. Avec les équations des n°s 57 et 285, éliminons h, nous trouverons $\frac{xdy - ydx}{\sqrt{dx^2 + dy^2}} = \int . \frac{tdt}{k}$.

328. Déterminer la relation entre f, h, k et y.

Sol. Avec les équations des nos 99 et 285, éliminons t, nous trouverons $\frac{f^2+fh}{f^2-y^2}=\frac{kdh}{ydy}$, ou (n° 79) $\frac{y^2df}{f^2-y^2}=dh.\frac{f+k}{f+h}$.

329. *Prob.* Déterminer la relation entre h, k, t et z.

Sol. Avec les équations des nos 109 et 285, éliminons dt, nous trouverons $hkrdh = t^2dz . \sqrt{t^2-h^2}$.

330. *Scholie.* L'élimination de h donneroit

$$\int . \frac{tdt}{k} = \frac{t^2dz}{\sqrt{t^2dz^2+r^2dt^2}}.$$

331. *Prob.* Déterminer la relation entre f, h et k.

Sol. Avec les équations des nos 157 et 285, éliminons t, nous trouverons $h^2df + dh . \overline{f+h} . \overline{f+k} = df . \int . 2kdh$.

332. *Scholie.* L'élimination de h donneroit $kdf . \int^2 . k^{-1}tdt + tdt . \overline{f+k} . (f + \int . k^{-1}tdt) = kt^2df$.

333. *Prob.* Déterminer la relation entre f, k, n et t.

Sol. Dans l'équation du n° 157, substituons (n° 4) $\frac{t.\sin.n}{r}$ à h, et $\frac{t^2.\sin.^2n}{r^2}$ à h^2, et (n° 285) $\frac{tdt}{k}$ à dh, nous trouverons $kt . \cos.^2n . df = rdt . \overline{f+k} . (fr + t . \sin.n)$.

334. *Prob.* Déterminer la relation entre k, t, u et z.

Sol. Avec les équations des nos 213 et 285, éliminons h, nous trouverons $\frac{t^2dz}{rdu} = \int . \frac{tdt}{k}$.

335. *Prob.* Déterminer la relation entre k, t, u et x.

Sol. Avec les équations des nos 228 et 285, éliminons h, nous trouverons $\frac{xdt-tdx}{du} . \frac{t}{\sqrt{t^2-x^2}} = \int . \frac{tdt}{k}$.

336. *Scholie.* On trouve de même

$$\frac{tdy-ydt}{du} . \frac{t}{\sqrt{t^2-y^2}} = \int . \frac{tdt}{k}.$$

337. *Prob.* Déterminer la relation entre k, m, t et u.

Sol. Avec les équations des nos 240 et 285, éliminons h, nous trouverons $ru - \frac{r^2tdt}{kdm} = m\int . \frac{tdt}{k} - \int . \frac{mtdt}{k}$.

338. *Prob.* Déterminer la relation entre f, k, t et y.

Sol. Avec les équations des n°s 2 et 300, éliminons x, nous trouverons $\sqrt{t^2 - y^2} = \int . \frac{ky}{f^2} . \frac{ydf - fdy}{\sqrt{f^2 - y^2}}$.

339. *Prob.* Déterminer la relation entre f, k, y et z.

Sol. Avec les équations des n°s 8 et 300, éliminons x, nous trouverons $y . \cot. z = \int . \frac{kry}{f^2} . \frac{ydf - fdy}{\sqrt{f^2 - y^2}}$.

340. *Prob.* Déterminer la relation entre k, t et x.

Sol. Avec les équations des n°s 285 et 302, éliminons h, nous trouverons $tdt . \int . k^{-1} dx - dx . \int . k^{-1} tdt = \frac{tdt - xdx}{\int . k^{-1} dx}$.

341. *Scholie.* On trouve de même

$$tdt . \int . k^{-1} dy - dy . \int . k^{-1} tdt = \frac{tdt - ydy}{\int . k^{-1} dy}.$$

342. *Prob.* Déterminer la relation entre k, u, x et z.

Sol. Avec les équations des n°s 8 et 309, éliminons y, nous trouverons $x . \text{tang.} z = ru . \int . \frac{dx}{k} - \int . \frac{rudx}{k}$.

343. *Scholie.* L'élimination de x donne

$$y . \cot. z = - ru . \int . \frac{dy}{k} + \int . \frac{rudy}{k}.$$

344. *Prob.* Déterminer la relation entre k, x et y.

Sol. Avec les équations des n°s 163 et 309, éliminons du, nous trouverons $\frac{dy}{\sqrt{dx^2 + dy^2}} = \int . \frac{dx}{k}$, ou $\frac{dx}{\sqrt{dx^2 + dy^2}} = - \int . \frac{dy}{k}$.

345. *Scholie.* L'élimination de y donneroit $\frac{\sqrt{du^2 - dx^2}}{du} = \int . \frac{dx}{k}$, ou $\frac{dx}{du} = \sqrt{1 - \int^2 . k^{-1} dx}$, et l'élimination de x donneroit

$$\frac{\sqrt{du^2 - dy^2}}{du} = - \int . \frac{dy}{k}; \text{ ou } \frac{dy}{du} = \sqrt{1 - \int^2 - k^{-1} dy}.$$

346. *Prob.* Déterminer la relation entre f, k, t et x.

Sol. Avec les équations des n°s 2 et 313, éliminons y, nous trouverons $\frac{k}{f} . \frac{df}{f+k} = \frac{tdt - xdx}{t^2 - x^2}$.

347. *Prob.* Déterminer la relation entre f, k, t et z.

Sol. Avec les équations des n°s 7 et 313, éliminons y, nous trouverons $\frac{k}{f} . \frac{df}{f+k} = \frac{dt}{t} + \frac{dz}{\text{tang.} z}$.

348. *Prob.* Déterminer la relation entre f, k, x et z.

Sol.

Sol. Avec les équations des nos 8 et 313, éliminons y, nous trouverons $\frac{k}{f} \cdot \frac{df}{f+k} = \frac{dx}{x} + \frac{rdz}{\sin.z \cdot \cos.z}$.

349. *Prob.* Déterminer la relation entre f, k, u et x.

Sol. Avec les équations des nos 170 et 313, éliminons y, nous trouverons $\frac{fdx}{du} = e^{\int \cdot \frac{k}{f} \cdot \frac{df}{f+k}}$.

350. *Prob.* Déterminer la relation entre f, k, t et u.

Sol. Dans la seconde équation du n° 246, substituons (n° 313) $\frac{kdf}{f+k}$ à $\frac{fdy}{y}$, nous trouverons

$$fdu + t\sqrt{du^2 - dt^2} = \frac{tdt}{du} \cdot \frac{kdf}{f+k}.$$

351. *Prob.* Déterminer la relation entre k, n, t et x.

Sol. Avec les équations des nos 6 et 314, éliminons dz, nous trouverons $\frac{t \cdot \text{séc.}n \cdot dt - ktdn}{kr} = \frac{xdt - tdx}{\sqrt{t^2 - x^2}}$.

352. *Scholie.* On trouve de même $\frac{t \cdot \text{séc.}n \cdot dt - ktdn}{kr} = \frac{tdy - ydt}{\sqrt{t^2 - y^2}}$.

353. *Prob.* Déterminer la relation entre f, k, m et z.

Sol. Égalons les deux valeurs de $\frac{dy}{y}$, prises des équations des nos 52 et 313, nous trouverons $\cot.m - \cot.z = \frac{f \cdot \overline{f+k} \cdot \text{diff.}\cot.z}{kdf}$.

Ou bien, avec les équations des nos 252 et 315, éliminons du, nous trouverons $\frac{k \cdot \cot.z \cdot df}{f+k} = kdm - f \cdot \text{diff.} \cot.z$.

354. *Prob.* Déterminer la relation entre f, h, k et m.

Sol. Les équations des nos 65 et 317 donnent $\frac{dm^2}{r^2} = \frac{df}{f+k} \cdot \frac{dh}{f+h}$.

355. *Prob.* Déterminer la relation entre f, k, m et n.

Sol. Avec les équations des nos 145 et 317, éliminons dm, nous trouverons $\frac{frdn \cdot \overline{f+k} + k \cdot \sin.n \cdot \cos.n \cdot df}{fr^2 + k \cdot \sin.^2 n} = \frac{\cot.m \cdot df}{r}$.

356. *Scholie.* Avec les mêmes équations, si nous éliminions $\cot.m$, nous trouverions $\frac{frdn \cdot \overline{f+k} + k \cdot \sin.n \cdot \cos.n \cdot df}{ft^2 + k \cdot \sin.^2 n} = \frac{fdm + kdm}{r}$.

357. *Prob.* Déterminer la relation entre k, n, x et y.

Sol. Avec les équations des nos 9 et 322, éliminons h, nous trouverons $\frac{\sin.n}{r} \cdot \sqrt{x^2 + y^2} = \int \cdot \frac{xdx + ydy}{k}$.

358. *Prob.* Déterminer la relation entre k, x, y et z.

Sol. Avec les équations des nos 75 et 322, éliminons h, nous trouverons $\frac{x^2 dz + y^2 dz}{r\sqrt{dx^2 + dy^2}} = \int . \frac{xdx + ydy}{k}$.

359. *Prob.* Déterminer la relation entre h, k et z.

Sol. Avec les équations des nos 285 et 329, éliminons t, nous trouverons $\frac{hkrdh}{\int . 2kdh} = dz . \sqrt{- h^2 + \int . 2kdh}$.

360. *Prob.* Déterminer la relation entre k, x et z.

Sol. Avec les équations des nos 8 et 344, éliminons y, nous trouverons $\int . \frac{dx}{k} = \frac{\text{diff.}\overline{x . \text{tang.} x}}{\sqrt{r^2 dx^2 + (\text{diff.}\overline{x . \text{tang.} z})^2}}$.

361. *Scholie.* On a de même

$$- \int . \frac{dy}{k} = \frac{\text{diff.}\overline{y . \text{cot.} z}}{\sqrt{r^2 dy^2 + (\text{diff.}\overline{y . \text{cot.} z})^2}}.$$

362. *Prob.* Déterminer la relation entre k, t, x et z.

Sol. Avec les équations des nos 234 et 345, éliminons du, nous trouverons $\frac{\text{cos.} z . dx}{\sqrt{x^2 dz^2 + \text{cos.}^2 z . dt^2}} = \sqrt{1 - \int^2 . k^{-1} dx}$.

363. *Scholie.* On trouve de même

$$\frac{\text{sin.} z . dy}{\sqrt{y^2 dz^2 + \text{sin.}^2 z . dt^2}} = \sqrt{1 - \int^2 - k^{-1} dy}.$$

364. *Prob.* Déterminer la relation entre f, k, n et z.

Sol. Avec l'équation du n° 3 et la seconde équation du n° 353, éliminons m, nous trouverons

$$\frac{k . \text{cot.} z . df}{f + k} = kdn + kdz - f . \text{diff. cot.} z.$$

365. *Prob.* Déterminer la relation entre f, k et z.

Sol. Avec l'équation du n° 318 et la premiere équation du n° 353, éliminons cot. m, nous trouverons

$$\text{cot.} z + \frac{f . \overline{f + k} . \text{diff. cot.} z}{kdf} = \text{cot.}\left(\int . \frac{\text{cot.} z . df}{f + k} + \int . \frac{f . \text{diff. cot.} z}{k}\right).$$

366. *Prob.* Déterminer la relation entre f, h, k et n.

Sol. Avec les équations des nos 117 et 354, éliminons dm, nous trouverons $h^2 . \text{cot.}^2 n . df = r^2 dh . (f + h) . (f + k)$.

367. *Prob.* Déterminer la relation entre f, h, k et t.

Sol. Avec les équations des nos 138 et 354, éliminons dm, nous trouverons $\frac{df}{f + k} = dh . \frac{f + h}{t^2 - h^2}$.

368. *Prob.* Déterminer la relation entre f, h, k et u.

Sol. Avec les équations des n°s 252 et 354, éliminons dm, nous trouverons $\frac{du^2}{k^2} = \frac{df}{f+k} \cdot \frac{dh}{f+h}$.

369. *Prob.* Déterminer la relation entre f, k, n et y.

Sol. Avec les équations des n°s 5 et 355, éliminons m, nous trouverons $\frac{frdn \,.\, \overline{f+k} + k \,.\, \sin.n \,.\, \cos.n \,.\, df}{fr^2 + k \,.\, \sin.^2 n} = \frac{ydf}{\sqrt{f^2 - y^2}}$.

370. *Prob.* Déterminer la relation entre f, k et n.

Sol. Avec les équations des n°s 317 et 355, éliminons m, nous trouverons

$$\frac{frdn \,.\, \overline{f+k} + k \,.\, \sin.n \,.\, \cos.n \,.\, df}{fr^2 + k \,.\, \sin.^2 n} = rdf \,.\, \left(- r^2 + e^{\int \cdot \frac{2df}{f+k}}\right)^{-\frac{1}{2}}.$$

371. *Prob.* Déterminer la relation entre f, k, n et u.

Sol. Avec les équations des n°s 252 et 356, éliminons dm, nous trouverons $\frac{frdn \,.\, \overline{f+k} + k \,.\, \sin.n \,.\, \cos.n \,.\, df}{fr^2 + k \,.\, \sin.^2 n} = du \,.\, \frac{f+k}{k}$.

372. *Prob.* Déterminer la relation entre f, h, k et z.

Sol. Avec les équations des n°s 32 et 367, éliminons t^2, nous trouverons $2r^2dh.(f+h).(f+k) + 2hr^2df.(f+h) - f^2.\cot.^2 z \,.\, df = f \,.\, \cot.z \,.\, df. \sqrt{f^2. \cot.^2 z - 4hr^2. (f+h)}$.

373. *Prob.* Déterminer la relation entre f, k, n et x.

Sol. Avec les équations des n°s 345 et 371, éliminons du, nous trouverons $\frac{frdn \,.\, \overline{f+k} + k \,.\, \sin.n \,.\, \cos.n \,.\, df}{fr^2 + k \,.\, \sin.^2 n} = \frac{f+k}{k} \cdot \frac{dx}{\sqrt{1 - f^2 . k^{-2} dx}}$.

374. *Remarque.* Le double de la surface balayée par le rayon vecteur a pour différentielle hdu. Donc cette quantité a aussi pour différentielle (n° 172) $xdy - ydx$, ou (n° 196) $\frac{rtdt}{\cot.n}$, ou (n° 213) $\frac{t^2dz}{r}$, ou (n° 226) $\frac{rx^2dz}{\cos.^2 z}$, ou (n° 227) $\frac{ry^2dz}{\sin.^2 z}$, ou (n° 237) $\frac{htdt}{\sqrt{t^2 - h^2}}$, ou $t\sqrt{du^2 - dt^2}$.

On trouveroit pour cette différentielle quarante-cinq expressions, si on épuisoit toutes les combinaisons des co-ordonnées prises deux à deux.

TABLE ALPHABÉTIQUE

De toutes les Relations entre les Co-ordonnées combinées quatre à quatre.

67°.	*fnty*	nos 41 et 92
68°.	*fntz*	22 et 104
69°.	*fnux*	192
70°.	*fnuy*	211
71°.	*fnuz*	239
72°.	*fnxy*	28 et 100
73°.	*fnxz*	25 et 154
74°.	*fnyz*	12 et 102
75°.	*ftux*	247
76°.	*ftuy*	246
77°.	*ftuz*	236
78°.	*ftxy*	66
79°.	*ftxz*	161
80°.	*ftyz*	68
81°.	*fuxy*	170
82°.	*fuxz*	190
83°.	*fuyz*	191
84°.	*fxyz*	69
85°.	*hkmn*	277
86°.	*hkmt*	282
87°.	*hkmu*	310
88°.	*hkmx*	262
89°.	*hkmy*	263
90°.	*hkmz*	278
91°.	*hknt*	293
92°.	*hknu*	256
93°.	*hknx*	294
94°.	*hkny*	296
95°.	*hknz*	319
96°.	*hktu*	257
97°.	*hktx*	298
98°.	*hkty*	299
99°.	*hktz*	329
100°.	*hkux*	295
101°.	*hkuy*	296
102°.	*hkuz*	297
103°.	*hkxy*	322
104°.	*hkxz*	325
105°.	*hkyz*	326
106°.	*hmnt*	94
107°.	*hmnu*	230
108°.	*hmnx*	nos 19 et 86
109°.	*hmny*	21 et 87
110°.	*hmnz*	64
111°.	*hmtu*	241
112°.	*hmtx*	33 et 89
113°.	*hmty*	34 et 90
114°.	*hmtz*	10 et 130
115°.	*hmux*	175
116°.	*hmuy*	176
117°.	*hmuz*	231
118°.	*hmxy*	29 et 77
119°.	*hmxz*	20 et 115
120°.	*hmyz*	21 et 116
121°.	*hntu*	196
122°.	*hntx*	142
123°.	*hnty*	143
124°.	*hntz*	78
125°.	*hnux*	221
126°.	*hnuy*	222
127°.	*hnuz*	214
128°.	*hnxy*	9 et 72
129°.	*hnxz*	13 et 140
130°.	*hnyz*	14 et 141
131°.	*htux*	228
132°.	*htuy*	229
133°.	*htuz*	213
134°.	*htxy*	122
135°.	*htxz*	120
136°.	*htyz*	121
137°.	*huxy*	172
138°.	*huxz*	226
139°.	*huyz*	227
140°.	*hxyz*	75
141°.	*kmnt*	261
142°.	*kmnu*	279
143°.	*kmnx*	273
144°.	*kmny*	274
145°.	*kmnz*	275
146°.	*kmtu*	337
147°.	*kmtx*	264
148°.	*kmty*	265

TABLE ALPHABÉTIQUE

De toutes les Relations entre les Co-ordonnées combinées trois à trois.

67°.	*kmu*	n°s 252
68°.	*kmx*	259
69°.	*kmy*	260
70°.	*kmz*	271
71°.	*knt*	323
72°.	*knu*	280
73°.	*knx*	320
74°.	*kny*	321
75°.	*knz*	291
76°.	*ktu*	286
77°.	*ktx*	340
78°.	*kty*	341
79°.	*ktz*	330
80°.	*kux*	345
81°.	*kuy*	345
82°.	*kuz*	292
83°.	*kxy*	344
84°.	*kxz*	360
85°.	*kyz*	361
86°.	*mnt*	108
87°.	*mnu*	232
88°.	*mnx*	126
89°.	*mny*	127
90°.	*mnz*	3
91°.	*mtu*	245
92°.	*mtx*	48
93°.	*mty*	48
94°.	*mtz*	n°s 152
95°.	*mux*	168
96°.	*muy*	169
97°.	*muz*	188
98°.	*mxy*	45
99°.	*mxz*	52
100°.	*myz*	52
101°.	*ntu*	171
102°.	*ntx*	112
103°.	*nty*	114
104°.	*ntz*	103
105°.	*nux*	223
106°.	*nuy*	224
107°.	*nuz*	217
108°.	*nxy*	76
109°.	*nxz*	113
110°.	*nyz*	114
111°.	*tux*	164
112°.	*tuy*	165
113°.	*tuz*	218
114°.	*txy*	2
115°.	*txz*	6
116°.	*tyz*	7
117°.	*uxy*	163
118°.	*uxz*	166
119°.	*uyz*	167
120°.	*xyz*	8

EXEMPLE

EXEMPLE

DE L'USAGE

DES FORMULES.

1. AVERTISSEMENT. Étant donnée l'équation d'une courbe entre deux variables, soit proposé de leur substituer deux autres variables en épuisant toutes les combinaisons des dix co-ordonnées prises deux à deux. Je choisis l'équation de l'ellipse en prenant le grand axe pour ligne des abscisses, et le foyer pour origine des co-ordonnées, parceque cette équation est du plus grand usage dans l'astronomie; je nomme r le demi-grand axe que je prends pour sinus total, b le demi-petit axe, et c la demi-excentricité; ce qui donne $b^2 + c^2 = r^2$.

2. *Prob.* Étant donnée l'équation $r^2y^2 + b^2x^2 - 2b^2cx - b^4 = 0$, en x et y, déterminer la relation entre t et x.

Sol. J'élimine y avec l'équation donnée et la formule entre t, x et y, et je trouve $cx - rt + b^2 = 0$.

3. *Prob.* Déterminer la relation entre u et x.

Sol. J'élimine y avec l'équation donnée et la formule entre u, x et y, et je trouve

$$rdu.\sqrt{r^2 - (c - x)^2} = dx.\sqrt{r^4 - c^2.(c - x)^2}.$$

4. *Prob.* Déterminer la relation entre t et y.

Sol. J'élimine x avec l'équation trouvée au n° 2 et la formule entre t, x et y, et je trouve $c^2y^2 + b^2t^2 - 2b^2rt + b^4 = 0$.

5. *Prob.* Déterminer la relation entre t et z.

Sol. J'élimine x avec l'équation trouvée au n° 2 et la formule entre t, x et z, et je trouve $ct.\cos.z - r^2t + b^2r = 0$.

6. *Prob.* Déterminer la relation entre h et t.

Sol. La valeur de $\cos.z$, au n° 5, me donne $dz = \frac{brdt}{t\sqrt{2rt - t^2 - b^2}}$; je substitue cette expression dans la formule entre h, t et z, et je trouve $b^2t + h^2t - 2h^2r = 0$.

7. *Prob.* Déterminer la relation entre x et z.

Sol. J'élimine t avec les équations trouvées aux n°s 2 et 5, et je trouve $cx \,.\, \cos. z - r^2 x + b^2 \,.\, \cos. z = 0$.

8. *Prob.* Déterminer la relation entre n et t.

Sol. J'élimine h avec l'équation du n° 6 et la formule entre h, n et t, et je trouve $br = \sin. n \,.\, \sqrt{2rt - t^2}$.

9. *Prob.* Déterminer la relation entre t et u.

Sol. J'élimine h avec l'équation du n° 6 et la formule entre h, t et u, et je trouve $du \,.\, \sqrt{2rt - t^2 - b^2} = dt \,.\, \sqrt{2rt - t^2}$.

10. *Prob.* Déterminer la relation entre k et t.

Sol. J'élimine h avec l'équation du n° 6 et la formule entre h, k et t, et je trouve $bkr = (2rt - t^2)^{\frac{3}{2}}$.

11. *Prob.* Déterminer la relation entre h et x.

Sol. J'élimine t avec les équations trouvées aux n°s 2 et 6, et je trouve $ch^2 x + b^2 h^2 - 2h^2 r^2 + b^2 cx + b^4 = 0$.

12. *Prob.* Déterminer la relation entre h et z.

Sol. J'élimine t avec les équations des n°s 5 et 6, et je trouve $2ch^2 \,.\, \cos. z - 2h^2 r^2 + b^2 h^2 + b^4 = 0$.

13. *Prob.* Déterminer la relation entre m et t.

Sol. Les n°s 5 et 8 me donnent les valeurs de $\cos. z$ et de $\sin. n$ en t; or $m = n + z$; j'en conclus (trig.) que $\sin. m = \frac{br}{c} \,.\, \frac{r - t}{\sqrt{2rt - t^2}}$.

14. *Prob.* Déterminer la relation entre u et z.

Sol. J'élimine t avec les équations des n°s 5 et 9, et je trouve $du \,.\, (r^2 - c \,.\, \cos. z)^2 = b^2 r dz \,.\, \sqrt{r^2 + c^2 - 2c \,.\, \cos. z}$.

15. *Prob.* Déterminer la relation entre h et k.

Sol. J'élimine t avec les équations des n°s 6 et 10, et je trouve $8b^2 h^3 r^2 = k \,.\, (b^2 + h^2)^3$.

16. *Prob.* Déterminer la relation entre h et m.

Sol. J'élimine t avec les équations des n°s 6 et 13, et je trouve $2ch \,.\, \sin. m = b^2 r - h^2 r$.

17. *Prob.* Déterminer la relation entre k et m.

Sol. J'élimine t avec les équations des n°s 10 et 13, et je trouve $b^2 r^5 = k \,.\, (r^2 \,.\, \sin.^2 m + b^2 \,.\, \cos.^2 m)^{\frac{3}{2}}$.

18. *Prob.* Déterminer la relation entre f et h.

Sol. J'élimine m avec l'équation du n° 16 et la formule entre f, h et m, et je trouve $fh^2 + b^2 f + 2b^2 h = 0$.

19. *Prob.* Déterminer la relation entre m et u.

Sol. J'élimine k avec l'équation du n° 17 et la formule entre k, m et u, et je trouve $b^2 r^4 dm = du \cdot (r^2 . \sin.^2 m + b^2 . \cos.^2 m)^{\frac{3}{2}}$.

20. *Prob.* Déterminer la relation entre f et k.

Sol. J'égale les deux valeurs de $b^2 + h^2$, prises des équations des nos 15 et 18, et je trouve $b^4 k + f^3 r^2 = 0$.

21. *Prob.* Déterminer la relation entre f et t.

Sol. J'élimine k avec les équations des nos 10 et 20, et je trouve $fr = - b\sqrt{2rt - t^2}$.

22. *Prob.* Déterminer la relation entre f et m.

Sol. J'élimine k avec les équations des nos 17 et 20, et je trouve $b^4 r^2 = f^2 . (r^2 . \sin.^2 m + b^2 . \cos.^2 m)$.

23. *Prob.* Déterminer la relation entre f et n.

Sol. J'égale les deux valeurs de $\sqrt{2rt - t^2}$, prises des équations des nos 8 et 21, et je trouve $f . \sin. n + b^2 = 0$.

Ou bien j'égale les deux valeurs de $\frac{rt}{x}$, prises de l'équation trouvée au n° 2, et de la formule différentielle entre f, n, t et x, et je trouve $c + \frac{b^2}{x} = \int . f . \sin. n . x^{-2} dx$. Donc $- b^2 x^{-2} dx = f . \sin. n . x^{-2} dx$; donc $f . \sin. n + b^2 = 0$.

24. *Prob.* Déterminer la relation entre m et y.

Sol. J'élimine f avec l'équation du n° 22 et la formule entre f, m et y, et je trouve $b^2 y^2 + y^2 . \text{tang.}^2 m = b^4$.

25. *Prob.* Déterminer la relation entre h et n.

Sol. J'élimine f avec les équations des nos 18 et 23, et je trouve $b^2 + h^2 = 2h . \sin. n$.

26. *Prob.* Déterminer la relation entre m et n.

Sol. J'élimine f avec les équations des nos 22 et 23, et je trouve $r^2 . \sin.^2 m + b^2 . \cos.^2 m = r^2 . \sin.^2 n$; je substitue $r^2 - \cos.^2 m$ à $\sin.^2 m$, et $r^2 - \cos.^2 n$ à $\sin.^2 n$, et je trouve $c . \cos. m = r . \cos. n$.

Ou bien l'équation trouvée au n° 2 me donne $cdx - rdt = 0$; avec cette équation j'élimine le rapport de dx à dt dans la formule différentielle entre m, n, t et x, et je trouve de même $c . \cos. m = r . \cos. n$.

27. *Prob.* Déterminer la relation entre m et x.

Sol. J'élimine y avec l'équation du n° 24, et l'équation donnée au n° 2, en x et en y, et je trouve $\frac{b^2 r^2}{b^2 + \text{tang.}^2 m} = b^2 + 2cx + x^2$.

28. *Prob.* Déterminer la relation entre f et y.

Sol. J'élimine m avec l'équation du n° 24 et la formule entre f, m et y, et je trouve $c^2 y^2 - f^2 r^2 + b^4 = 0$.

29. *Prob.* Déterminer la relation entre m et z.

Sol. L'équation du n° 26 donne $c . \cos . m = r . \cos . \overline{m - z}$. Donc (trig.) $c . \cos . m = \cos . m . \cos . z + \sin . m . \sin . z$; donc $\frac{\sin m . \sin . z}{\cos . m} = c - \cos . z$; donc $\frac{r . \sin . z}{\cot . m} = c - \cos . z$; donc $\cot . m = \frac{r . \sin . z}{c - \cos . z}$.

30. *Scholie.* On trouve de même $\cot . n = \frac{c r \sin . z}{c . \cos . z - r^2}$.

31. *Prob.* Déterminer la relation entre k et n.

Sol. J'élimine m avec les équations des n°s 17 et 26, et je trouve $k . \sin .^3 n = b^2 r^2$.

32. *Prob.* Déterminer la relation entre u et y.

Sol. J'élimine f avec l'équation du n° 28 et la formule entre f, u et y, et je trouve $b d u . \sqrt{b^2 - y^2} = d y . \sqrt{c^2 y^2 + b^4}$.

33. *Prob.* Déterminer la relation entre f et u.

Sol. J'élimine y avec l'équation du n° 28 et la formule entre f, u et y, et je trouve $\frac{r^2 f^2 d f}{b d u} = \sqrt{f^2 r^2 - b^4} \times \sqrt{b^2 - f^2}$.

34. *Prob.* Déterminer la relation entre f et x.

Sol. J'élimine y avec l'équation du n° 28, et l'équation donnée au n° 2, en x et en y, et je trouve

$$b^2 c^2 x^2 - 2 b^2 c^3 x + f^2 r^4 - b^4 r^2 - b^4 c^2 = 0.$$

35. *Prob.* Déterminer la relation entre h et y.

Sol. J'élimine f avec les équations des n°s 18 et 28, et je trouve $\frac{2 b^2 h r}{b^2 + h^2} = \sqrt{c^2 y^2 + b^4}$.

36. *Prob.* Déterminer la relation entre k et y.

Sol. J'élimine f avec les équations des n°s 20 et 28, et je trouve $- b^4 k r = (c^2 y^2 + b^4)^{\frac{3}{2}}$.

37. *Prob.* Déterminer la relation entre n et y.

Sol. J'élimine f avec les équations des n°s 23 et 28, et je trouve $c r y = b^2 . \cot . n$.

38. *Prob.* Déterminer la relation entre k et z.

Sol. J'élimine n avec les équations des n°s 30 et 31, et je trouve $k . (c . \cos . z - r^2)^3 = b^2 r^2 . (r^2 + c^2 - 2 c . \cos . z)^{\frac{3}{2}}$.

39. *Prob.* Déterminer la relation entre k et x.

Sol. J'élimine f avec les équations des n°s 20 et 34, et je trouve $- b k r^4 = (b^2 r^2 + b^2 c^2 + 2 c^3 x - c^2 x^2)^{\frac{3}{2}}$.

40. *Prob.* Déterminer la relation entre n et x.

Sol. J'élimine f avec les équations des n°s 23 et 34, et je trouve $c^2 x^2 - 2 c^3 x + b^2 . \cot .^2 n - b^2 c^2 = 0$.

41. *Prob.* Déterminer la relation entre k et u.

Sol. J'élimine y avec les équations des nos 32 et 36, et je trouve
$$-brdk = 3du.(r^2 - \sqrt[3]{b^2r^2k^2})^{\frac{1}{2}} \times (-b^2 + \sqrt[3]{b^2r^2k^2})^{\frac{1}{2}}.$$

42. *Prob.* Déterminer la relation entre y et z.

Sol. J'élimine n avec les équations des nos 30 et 37, et je trouve $cy.\cos.z - r^2y - b^2.\sin.z = 0$.

43. *Prob.* Déterminer la relation entre n et u.

Sol. J'élimine y avec les équations des nos 32 et 37, et je trouve $-\frac{b^2rdn}{du} = \sin.^2n.\sqrt{\sin.^2n - b^2}$.

44. *Prob.* Déterminer la relation entre f et z.

Sol. J'élimine y avec les équations des nos 28 et 42, et je trouve $\frac{r\, b^2c.\sin.z}{c.\cos.z - r^2} = \sqrt{f^2r^2 - b^4}$.

45. *Prob.* Déterminer la relation entre h et u.

Sol. J'élimine n avec les équations des nos 25 et 43, et je trouve $-\frac{8b^2h^2r^2dh}{(b^2+h^2)^2} = du.\sqrt{4h^2r^2 - (b^2+h^2)^2}$.

46. *Remarque I.* Le double de la surface balayée par le rayon vecteur a pour différentielle $\frac{t^2dz}{r}$: je multiplie donc par $\frac{t^2}{r}$ l'expression de dz trouvée au no 6, et j'ai $\frac{btdt}{\sqrt{2rt - t^2 - b^2}}$, dont l'intégrale est
$$-b\sqrt{2rt - t^2 - b^2} + b.A.\cos.\frac{r^2 - rt}{c}.$$

47. *Remarque II.* Soit $\frac{r^2 - rt}{c} = \cos.\varphi$, cette intégrale deviendra $b\varphi - \frac{bc.\sin.\varphi}{r}$. Si on demande la relation de φ avec chacune des dix co-ordonnées, on aura la table suivante :

1°. $\sin.\varphi = \frac{ry}{b}$.

2°. $\sin.\varphi = \frac{b.\cot.n}{c}$.

3°. $\sin.\varphi = \frac{br.\sin.z}{c.\cos.z - r^2}$.

4°. $\sin.\varphi = \frac{r\sqrt{f^2r^2 - b^4}}{bc}$.

5°. $\sin.\varphi = \frac{r}{c}(-b^2 + \sqrt[3]{b^2r^2k^2})^{\frac{1}{2}}$.

6°. $\cos.\varphi = c - x$.

7°. $\cos.\varphi = \frac{r^2 - rt}{c}$.

8°. $\cos.\varphi = \frac{r^2}{c}.\frac{b^2 - h^2}{b^2 + h^2}$.

9°. $\text{tang}.\varphi = \frac{b.\text{tang}.m}{r}$.

10°. $d\varphi.\sqrt{r^4 - c^2.\cos.^2\varphi} = r^2du$.

TABLE ALPHABÉTIQUE

De toutes les Équations de l'Ellipse en prenant le foyer pour origine des Co-ordonnées.

Equations de l'Ellipse par ordre alphabétique, en prenant le centre pour origine des Co-ordonnées.

1°. $-fh = b^2.$
2°. $-b^4k = f^3r^2.$
3°. $b^4r^2 = f^2.(r^2.\sin.^2 m + b^2.\cos.^2 m).$
4°. $b^3r = f.\sin.n.\sqrt{b^4 + b^2r^2 - f^2r^2}.$
5°. $fr = b.\sqrt{r^2 + b^2 - t^2}.$
6°. $\frac{r^2f^2df}{bdu} = \sqrt{f^2r^2 - b^4} \times \sqrt{b^2 - f^2}.$
7°. $bcx = r^2\sqrt{b^2 - f^2}.$
8°. $cy = \sqrt{f^2r^2 - b^4}.$
9°. $b\sqrt{f^2r^2 - b^4} = r.\text{tang.}z.\sqrt{b^2 - f^2}.$
10°. $h^3k = b^2r^2.$
11°. $c.\sin.m = r.\sqrt{h^2 - b^2}$, ou $c.\cos.m = r\sqrt{r^2 - h^2}.$
12°. $h^2r = \sin.n.\sqrt{h^2r^2 + b^2h^2 - b^2r^2}.$
13°. $br = h\sqrt{r^2 + b^2 - t^2}.$
14°. $b^2r^2dh = h^2du.\sqrt{r^2 - h^2} \times \sqrt{h^2 - b^2}.$
15°. $chx = r^2\sqrt{h^2 - b^2}.$
16°. $chy = b^2\sqrt{r^2 - h^2}.$
17°. $b^2\sqrt{r^2 - h^2} = r.\text{tang.}z.\sqrt{h^2 - b^2}.$
18°. $b^2r^5 = k.(r^2.\sin.^2 m + b^2.\cos.^2 m)^{\frac{3}{2}}.$
19°. $b.\cot.n = (r^2 - \sqrt[3]{b^2r^2k^2})^{\frac{1}{2}} \times (-b^2 + \sqrt[3]{b^2r^2k^2})^{\frac{1}{2}}.$
20°. $bkr = (r^2 + b^2 - t^2)^{\frac{3}{2}}.$
21°. $-brdk = 3du.(r^2 - \sqrt[3]{b^2r^2k^2})^{\frac{1}{2}} \times (-b^2 + \sqrt[3]{b^2r^2k^2})^{\frac{3}{2}}.$
22°. $bkr^4 = (r^4 - c^2x^2)^{\frac{3}{2}}.$
23°. $b^4kr = (c^2y^2 + b^4)^{\frac{3}{2}}.$
24°. $bkr.(b^2 + \text{tang.}^2 z)^{\frac{3}{2}} = (b^4 + r^2.\text{tang.}^2 z)^{\frac{3}{2}}.$
25°. $\text{tang.}m.\text{tang.}\overline{m - n} = b^2.$
26°. $b^2c^2 = (r^2 - t^2) \times (b^2 + \text{tang.}^2 m).$
27°. $b^2r^4dm = du.(r^2.\sin.^2 m + b^2.\cos.m)^{\frac{3}{2}}.$
28°. $bx = \text{tang.}m.\sqrt{r^2 - x^2}.$
29°. $b^2 = y.\sqrt{b^2 + \text{tang.}^2 m}.$

30°. $\text{tang.}\, m \,.\, \text{tang.}\, z = b^2$.

31°. $b.\text{cot.}\, n = \sqrt{r^2 - t^2} \times \sqrt{t^2 - b^2}$, ou $b.\text{coséc.}\, n = t\sqrt{r^2 + b^2 - t^2}$, ou $2t = \sqrt{r^2 + b^2 + 2b.\,\text{coséc.}\, n} \pm \sqrt{r^2 + b^2 - 2b.\,\text{coséc.}\, n}$.

32°. $\int.\; 2\,\text{cos.}\, n\,.\, du = r\sqrt{r^2 + b^2 + 2b\,.\,\text{coséc.}\, n} \pm r\sqrt{r^2 + b^2 - 2b\,.\,\text{coséc.}\, n}$.

33°. $br^2.\, \text{cot.}\, n = c^2 x\,.\, \sqrt{r^2 - x^2}$.

34°. $b^3.\, \text{cot.}\, n = c^2 y\,.\, \sqrt{b^2 - y^2}$.

35°. $\text{tang.}\, z\,.\, \text{tang.}\, \overline{n + z} = b^2$.

36°. $du\,.\, \sqrt{r^2 - t^2} \times \sqrt{t^2 - b^2} = tdt\,.\, \sqrt{r^2 + b^2 - t^2}$.

37°. $cx = r\sqrt{t^2 - b^2}$.

38°. $cy = b\,.\, \sqrt{r^2 - t^2}$.

39°. $\frac{c^2 r^4}{r^2 - t^2} = r^4 + b^2.\, \text{cot.}^2 z$, ou $\frac{b^2 r^4}{t^2} = r^2.\, \text{sin.}^2 z + b^2.\, \text{cos.}^2 z$.

40°. $rdu\,.\, \sqrt{r^2 - x^2} = dx\,.\, \sqrt{r^4 - c^2 x^2}$.

41°. $bdu\sqrt{b^2 - y^2} = dy\,.\, \sqrt{c^2 y^2 + b^4}$.

42°. $\frac{du\,.\, \sqrt{b^4 + \text{tang.}^2 z}}{\sqrt{b^4 + r^2.\, \text{tang.}^2 z}} = \frac{br^2 dz}{r^2.\, \text{sin.}^2 z + b^2.\, \text{cos.}^2 z}$.

43°. $ry = b\sqrt{r^2 - x^2}$.

44°. $x\,.\, \text{tang.}\, z = b\,.\, \sqrt{r^2 - x^2}$.

45°. $by = \text{tang.}\, z\,.\, \sqrt{b^2 - y^2}$.

Remarque I. Dans la supposition actuelle, où le centre est pris pour origine des co-ordonnées, soit $x = \text{cos.}\, \pi$, le secteur elliptique aura pour expression $\frac{b\pi}{2}$, et π aura, avec les dix co-ordonnées, les relations suivantes :

1°. $bc\,.\, \text{cos.}\, \pi = r^2\sqrt{b^2 - f^2}$.

2°. $ch\,.\, \text{cos.}\, \pi = r^2\,.\, \sqrt{h^2 - b^2}$.

3°. $bkr^4 = (r^4 - c^2.\, \text{cos.}^2 \pi)^{\frac{3}{2}}$.

4°. $\text{tang.}\, m\,.\, \text{tang.}\, \pi = br$.

5°. $br^2.\, \text{cot.}\, n = c^2.\, \text{sin.}\, \pi\,.\, \text{cos.}\, \pi$, ou $2br.\, \text{cot.}\, n = c^2.\, \text{sin.}\, 2\pi$.

6°. $c\,.\, \text{sin.}\, \pi = r\sqrt{r^2 - t^2}$.

7°. $d\pi\,.\, \sqrt{r^4 - c^2.\, \text{cos.}^2 \pi} = r^2 du$.

8°. $x = \text{cos.}\, \pi$.

9°. $ry = b\,.\, \text{sin.}\, \pi$.

10°. $b\,.\, \text{tang.}\, \pi = r\,.\, \text{tang.}\, z$.

Remarque II. La septieme équation est la formule la plus simple pour rectifier un arc d'ellipse ; il faut réduire en suite infinie le binome qui est sous le radical.

APPENDIX

APPENDIX

SUR LES COURBES ALGÉBRIQUES,

Inséré dans l'Encyclopédie d'Yverdun, à l'article ALGÉBRIQUE.

On appelle courbes algébriques celles dont l'équation est algébrique en prenant pour co-ordonnées des lignes droites. Elles se divisent en différents ordres, relativement au degré de l'équation ordonnée à la fois, par rapport aux deux variables. L'origine et la position des co-ordonnées ne changent point le degré de l'équation, mais elles changent le nombre et la forme des termes. Les propriétés du point d'où partent les co-ordonnées, et la direction qu'elles suivent, décident donc des propriétés de l'équation. Donc réciproquement, pour vérifier si une courbe est susceptible d'une propriété désignée, il ne faut qu'examiner si, par quelque transformation, l'équation de cette courbe peut prendre la forme qui est la suite et le symptôme de cette propriété. Soit donc une courbe algébrique quelconque dont l'équation soit donnée en x et en y : pour généraliser cette équation, je substitue $u + r$ à x, et $z + s$ à y; ce qui transporte l'origine des co-ordonnées à des distances indéterminées r et s des lignes des x et des y. Alors toutes les propriétés dont la courbe est susceptible se lisent sur la transformée en voyant toutes les formes que peuvent lui donner les relations différentes entre r et s. Nous allons parcourir les symptômes des différentes propriétés, en supprimant, pour abréger, les démonstrations. On suppose toujours la transformée ordonnée à la fois et conjointement par rapport à ses deux co-ordonnées u et z.

1°. Pour déterminer le centre d'une courbe, prenez dans sa transformée tous les termes de rang pair, à compter par le premier, et, dans ces termes, supposez nulle séparément chaque partie affectée d'une combinaison différente de u et de z; les valeurs de r et de s que vous en tirerez indiqueront la position du centre. Ainsi, dans la courbe $x^2 + y^2 - a^2 = 0$, la transformée n'a pour terme de rang pair que $2ru + 2sz$; je fais donc *singulatim* $2ru = 0$, et $2sz = 0$, d'où je tire $r = 0$, et $s = 0$; donc l'origine primitive des co-ordonnées est un centre. Dans les courbes de degré impair, le centre est sur le périmetre. Si quelques unes des conditions qui donnent le centre tombent sur les connues, alors la courbe n'a de centre qu'autant que les connues sont conditionnées ainsi. Dans la courbe $x^3 - ax^2 + b^2x - y^3 = 0$, les conditions du centre sont $r^3 - ar^2 + b^2r - s^3 = 0$, $3r - a = 0$, et $s = 0$, qui exigent que $a = 0$, ou que $2.a^2 = 9b^2$. Donc la courbe n'a de centre que dans ces deux cas.

2°. Pour déterminer les points multiples d'une courbe, prenez dans sa transformée un nombre de derniers termes égal au degré de la multiplicité en question, et, dans chacun de ces termes, supposez nulle séparément chaque partie affectée d'une combinaison différente de u et de z; les valeurs de r et de s que vous en déduirez indiqueront les points cherchés. Ainsi, dans la courbe $x^3 - axy + y^3 = 0$, si je cherche quels sont les points doubles, j'ai $3r^2 - as = 0$, $3s^2 - ar = 0$, et $r^3 - ars + s^3 = 0$; ce qui ne peut être vrai à la fois que dans le cas où $r = 0$ et $s = 0$. Donc c'est l'origine des co-ordonnées qui est un point double. Si, au contraire, vous demandez quelle est la multiplicité d'un point donné, substituez dans la transformée les valeurs de r et de s qui le désignent, et comptez combien de derniers termes sont annullés par cette substitution. Ainsi, pour la courbe $x^3 - axy + y^3 = 0$, la substitution de $r = 0$, et $s = 0$, dans la transformée, ne détruit que les deux derniers termes. Donc le point n'est que double.

3°. Pour déterminer la tangente d'un point assigné, substituez dans la transformée les valeurs de r et de s qui le désignent, et dans la transformée ainsi préparée et réduite, égalez à zéro le dernier terme; la relation entre u et z que vous en tirerez sera le rapport du cosinus au sinus de l'inclinaison de la tangente sur la ligne des abscisses. Ainsi, dans la courbe $x^3 - axy + y^3 = 0$, si je demande la tangente au point dont l'abscisse et l'ordonnée sont chacune égales à $\frac{a}{2}$, je substitue $\frac{a}{2}$ à r et à s dans la transformée, qui ensuite a pour dernier terme $a^2u + a^2z$; je fais donc $a^2u + a^2z = 0$. Donc $u + z = 0$; donc $u : z :: 1 : -1$; donc la tangente est inclinée de 45° sur la ligne des abscisses. Si c'est au contraire $r = 0$ et $s = 0$, je trouve pour dernier terme $-auz$: je fais donc $-auz = 0$; donc $u = 0$, et $z = 0$; donc le point a deux tangentes qui sont les lignes mêmes des co-ordonnées. Si le rapport de u à z est donné par une racine multiple, la tangente est de la même multiplicité. La détermination des tangentes donne les sous-tangentes et les sous-normales.

4°. Si plusieurs branches se coupent dans un point multiple, ayant chacune leur tangente, il devient pénible de calculer leur figure, parcequ'elles sont toutes données par l'équation unique de la proposée qui a plusieurs racines. Pour faciliter, on substitue à chaque branche une courbe simple qui ne consiste que dans une branche pareille, non pas superposée, mais de figure semblable, et ayant la même tangente : cette courbe substituée s'appelle *une directrice*. Pour déterminer la directrice d'une branche, soit h la multiplicité du point, et g la multiplicité de la tangente; égalez à zéro, dans la transformée, le terme du rang $h - g + 1$, à compter par le dernier; dans cette équation, substituez à u et à z le rapport qui construit la tangente, il ne restera qu'une relation en r, s, et constantes; ce sera l'équation à la directrice. Ainsi dans la courbe $5y^5 + ax^4 - a^2x^2y = 0$, sachant que l'origine des co-ordonnées est un point triple, et que la ligne des abscisses est une tangente simple à ce point, si je demande la directrice de la branche correspondante, j'ai $h = 3$ et $g = 1$; donc $h - g + 1 = 3$: j'égale donc à zéro le troisieme terme de la transformée, à compter par le dernier; ce qui me donne $50s^3z^2 + 6ar^2u^2 - 2a^2ruz - a^2su^2 = 0$; dans cette équation, je fais $z = 0$ à cause de la position de la tangente, et il me reste $6r^2 - as = 0$: c'est l'équation à la directrice. Si la tangente est multiple, il est à craindre que les racines de la directrice ne soient pas de même nature que celles de la proposée; mais nous n'approfondirons pas ces détails.

5°. Pour déterminer tous les points simples où une courbe subit inflexion, égalez à zéro chacun des trois derniers termes de la transformée; ces termes ne renferment que trois indéterminées; savoir, r, s, et le rapport de u à z; donc vous en tirerez des valeurs de r et de s; les points correspondants seront des points d'inflexion s'ils sont points simples, et si les valeurs de r et de s, et du rapport de u à z, détruisent consécutivement dans la transformée un nombre impair de termes, en comptant par le dernier. Ainsi, dans la courbe $ax^3 + by^3 + c^4 = 0$, les trois derniers termes de la transformée donnent $aru^2 + bsz^2 = 0$, $ar^2u + bs^2z = 0$, et $ar^3 + bs^3 + c^4 = 0$;

d'où on tire $r = 0$ avec $s = -\frac{c\sqrt[3]{c}}{\sqrt[3]{b}}$, et $r = -\frac{c\sqrt[3]{c}}{\sqrt[3]{a}}$ avec $s = 0$;

aucun de ces points n'est multiple, et il n'y a que trois termes de détruits; donc ce sont deux points simples où la courbe subit inflexion. Réciproquement, étant donné un point simple pour vérifier si la courbe y subit inflexion, il faut, dans la transformée, substituer les valeurs de r et de s qui le désignent, et le rapport de u à z qui construit sa tangente, et voir s'il se détruit un nombre impair de derniers termes. Quant aux points multiples, il faut vérifier dans leur directrice s'ils subissent inflexion. Ainsi, dans la courbe $y^4 - ax^3 + a^2xy - a^2x^2 = 0$, l'origine des co-ordonnées est un point double, l'une des branches a pour tangente simple la ligne des ordonnées, et pour directrice la courbe $4s^3 + a^2r = 0$: cette directrice subit inflexion. Donc la branche de la proposée s'infléchit au même point.

6°. Pour déterminer tous les points simples d'une courbe dont l'ordonnée est, soit *maximum*, soit *minimum*, égalez à zéro chacun des deux derniers termes de sa transformée, faites $z = 0$; les valeurs de r et de s désigneront les points cherchés si ce sont des points simples et s'il se détruit consécutivement un nombre pair de termes de la transformée, en comptant par le dernier. Ainsi, dans la courbe $x^4 - a^3y + a^4 = 0$, les deux derniers termes de la transformée donnent $4r^3u - a^3z = 0$, et $r^4 - a^3s + a^4 = 0$. Donc, en faisant $z = 0$, on a $r = 0$, et $r^4 - a^3s + a^4 = 0$, ou $r = 0$, et $s = a$. Ces co-ordonnées désignent un point simple, et leurs valeurs détruisent les quatre derniers termes. Donc ce point a une ordonnée qui est, soit *maximum*, soit *minimum*. Réciproquement, étant donné un point simple dont la tangente est construite par $z = 0$, pour décider si son ordonnée est, soit *maximum*, soit *minimum*, il faut compter s'il s'est évanoui un nombre pair de derniers termes. Quant aux points multiples, il faut les discuter par leur directrice. Remarquons que toute quantité variable peut être prise pour l'ordonnée d'une courbe.

7°. On appelle *derniere direction d'un cours infini*, celle dont approchent continuellement les tangentes d'une branche infinie à mesure que les points s'éloignent de l'origine. Pour déterminer dans quelles directions une courbe a des cours infinis, supposez nul le premier terme de sa transformée, les rapports de u à z que vous en tirerez désigneront ces directions. Ainsi, dans la courbe $x^3 + xy^2 - ay^2 = 0$, le premier terme de la transformée donne $u^3 + uz^2 = 0$, qui ne fournit de rapport réel que $u = 0$. Donc la courbe n'a de cours infini réel que dans la direction de la ligne des ordonnées.

8°. De toutes les droites menées dans la derniere direction d'un cours infini, celle qui coupe la courbe en un point de moins que les autres s'appelle *asymptote*. Un cours infini se nomme *hyperbolique* ou parabolique, suivant qu'il a ou qu'il n'a pas d'asymptote. Pour déterminer les asymptotes d'un cours infini, s'il en a, ou vérifier qu'il n'en a pas, substituez dans la transformée le rapport de u à z qui construit la derniere direction du cours, et ensuite égalez à zéro le premier terme que cette substitution n'aura pas détruit; l'équation en r, s, et constantes, que vous en tirerez, construira les lignes droites qui sont asymptotes. Ainsi, dans la courbe $xy^2 - 3axy - ay^2 +$

$2a^2x = 0$, un cours infini a pour derniere direction $z = 0$: le premier terme de la transformée, non détruit par cette valeur, est $s^2 - 3as + 2a^2$. Donc les asymptotes sont données par l'équation $s^2 - 3as + 2a^2 = 0$. Donc on en a deux, savoir $s = a$ et $s = 2a$. Si le premier terme non détruit ne contient ni r ni s, il s'ensuit que le cours n'a pas d'asymptote.

9°. Comme les différents cours infinis sont tous désignés à la fois par les racines de la proposée, il peut être pénible de les calculer. Pour faciliter, on substitue à la proposée une courbe simple qui ne consiste que dans un cours infini semblable mené dans la même direction, et ayant les mêmes asymptotes: cette courbe se nomme la *déterminatrice*.

Pour trouver celle d'un cours hyperbolique, égalez à zéro le premier terme de la transformée non divisible par l'équation de l'asymptote. Ainsi, dans la courbe $x^3 - ax^2 + a^2x - y^3 = 0$, le cours infini, qui a pour derniere direction $u = z$, a pour asymptote $3r - 3s - a = 0$, qui ne divise point le terme suivant. Donc ce terme fournit la déterminatrice et donne pour son équation $3s^2 - 3r^2 + 2ar - a^2 = 0$.

Dans les cours paraboliques, observons d'abord qu'on appelle *terme non réduit*, dans la transformée, celui qui, étant du rang g, à compter par le premier, contient la combinaison de r et de s au degré $g - 1$. Cela posé, pour trouver la déterminatrice d'un cours parabolique, substituez à u et à z, dans sa transformée, le rapport qui désigne la derniere direction du cours, et ensuite égalez à zéro le premier terme non réduit. Ainsi, dans la courbe $x^2y + ay^2 - a^2x = 0$, un cours infini a pour derniere direction $u = 0$: le premier terme de la transformée, non détruit par cette valeur de u, est $+ az^2$ qui ne fournit point d'asymptote; donc le cours est parabolique. Le terme suivant devient $r^2z + 2asz$, qui, étant au troisieme rang, contient r au second degré. Donc il est le premier non réduit; donc il fournit la déterminatrice et donne pour son équation $r^2 + 2as = 0$. Il est quelquefois à craindre que les racines de la déterminatrice ne soient pas de même nature que celles de la proposée : mais nous n'approfondirons pas ces détails.

Usage du triangle analytique inséré dans l'Encyclopédie d'Yverdun, au mot Courbe.

1. Le triangle analytique, dont je suppose que la forme est connue, donne la limite à laquelle tend la relation algébrique entre deux coordonnées ; 1°. à mesure qu'elles croissent, et 2°. à mesure qu'elles

décroissent. C'est un calcul analogue et parallele au calcul différentiel : il donne toutes les propriétés des courbes algébriques, mais il n'a point de prise sur les courbes transcendantes : le calcul différentiel, au contraire, s'étend à toutes les courbes ; mais il n'a point de prise sur la théorie des branches infinies, sur la méthode générale des asymptotes, sur les déterminatrices, etc. Nous allons exposer les propriétés principales des courbes algébriques qui sont données par le triangle analytique exclusivement au calcul différentiel.

2. Étant donnée l'équation d'une courbe algébrique, il faut la poser sur le triangle analytique et en déduire toutes les déterminatrices, tant supérieures qu'inférieures. Alors si une déterminatrice n'est supérieure que relativement à la bande sans $\frac{x}{y}$, sans pourtant lui être parallele, elle indique et dirige des branches qui ont pour asymptote la ligne des $\frac{x}{y}$. Ainsi la courbe $xy^2 - a^2y - b^3 = 0$, mise sur le triangle analytique, présente $xy^2 - a^2y = 0$, ou $xy - a^2 = 0$, pour déterminatrice supérieure, relativement à la bande sans y. Donc la courbe a des branches infinies hyperboliques qui ont pour asymptote la ligne des y, et pour déterminatrice de leur cours l'hyperbole conique $xy - a^2 = 0$. De même la bande sans x a pour déterminatrice supérieure $xy^2 - b^3 = 0$. Donc la courbe a des branches infinies hyperboliques qui ont pour asymptote la ligne des x, et pour déterminatrice de leur cours, l'hyperbole cubique $xy^2 - b^3 = 0$.

3. Si une déterminatrice est parallele à la bande sans $\frac{x}{y}$, elle indique des asymptotes paralleles à la ligne des $\frac{x}{y}$. Ainsi la courbe $xy^2 - ay^2 - 3axy + 2a^2x = 0$ a pour déterminatrice supérieure, parallele à la bande sans y, l'équation $xy^2 - ay^2 = 0$, ou $x - a = 0$. Donc la courbe a une asymptote parallele à la ligne des y et éloignée d'une distance a. La bande sans x a aussi une déterminatrice parallele $xy^2 - 3axy + 2a^2x = 0$, qui donne $y^2 - 3ay + 2a^2 = 0$, ou $y - a = 0$, et $y - 2a = 0$; donc la courbe a aussi deux asymptotes paralleles à la ligne des x et à des distances a et $2a$. Pour discuter les branches qui rampent autour de ces asymptotes, c'est-à-dire assigner leur déterminatrice, il faut transporter l'origine des co-ordonnées sur un point de l'asymptote ; ce qui fait retomber dans le cas précédent. En effet, après cette transformation, l'asymptote devient ligne des x ou des y ; donc la nouvelle équation a une déterminatrice supérieure qui dirige les branches hyperboliques correspondantes. Ainsi, dans la courbe précédente, si je prends pour ligne des y l'asymptote qui en étoit éloignée d'une distance a, l'équation devient $xy^2 - 3axy -$

$3a^2y + 2a^2x + 2a^3 = 0$, qui, relativement à la bande sans y, a pour déterminatrice supérieure $xy^2 - 3a^2y = 0$, ou $xy - 3a^2 = 0$: c'est cette hyperbole qui dirige le cours.

4. Si une déterminatrice est supérieure par rapport à chacune des bandes, et qu'elle fasse avec la bande sans $\frac{x}{y}$ un angle $< 45°$, elle indique et dirige des branches paraboliques dans la direction de la ligne des $\frac{x}{y}$. Ainsi, pour la courbe $x^2y^2 - ay^3 - bx^3 = 0$, l'équation $x^2y^2 - ay^3 = 0$, ou $x^2 - ay = 0$, est une déterminatrice supérieure par rapport à chacune des deux bandes faisant un angle $< 45°$ avec la ligne sans y. Donc elle indique et dirige des branches paraboliques dans la direction de la ligne des y.

5. Si une déterminatrice supérieure fait, avec chacune des bandes, un angle de 45°, elle indique dans quelles directions une courbe a des branches infinies. Ainsi, pour la courbe $x^4 - x^2y^2 + a^4 = 0$, l'équation $x^4 - x^2y^2 = 0$ est une déterminatrice supérieure qui fait, avec chacune des bandes, un angle de 45°. Donc ses racines $x^2 = 0$, $x + y = 0$, $x - y = 0$, indiquent que la courbe a des branches infinies dans la direction de la ligne des y et dans les deux directions qui, de part et d'autre, lui sont inclinées de 45°. Pour discuter les branches qui s'étendent dans chacune des directions, il faut transformer successivement l'équation, de maniere que l'un des axes des co-ordonnées leur devienne parallele; ce qui fait retomber dans les cas précédents. Ainsi, relativement aux branches dont la direction est parallele à la ligne des y, comme l'équation est toute préparée, je vois qu'elles ont (n° 2) pour déterminatrice l'équation $-x^2y^2 + a^4 = 0$, ou $xy + a^2 = 0$, et $xy - a^2 = 0$, puisque cette déterminatrice n'est supérieure que relativement à la bande sans y.

6. Quant aux déterminatrices inférieures, si elles coupent inégalement les deux bandes, elles désignent la position des branches qui passent par l'origine et qui ont l'un des axes pour tangente. Ainsi la courbe $x^6 + ax^4 - a^3y^2 = 0$ a pour déterminatrice inférieure $ax^4 - a^3y^2 = 0$, ou $x^2 + ay = 0$, et $x^2 - ay = 0$. Donc ce sont ces deux paraboles qui dirigent les branches qui passent par l'origine des coordonnées et qui ont pour tangente l'axe des abscisses. On voit de là que, pour connoître la nature et la position des branches qui passent par un point assigné, il faut y transporter l'origine des co-ordonnées, et prendre successivement chacune de ses tangentes pour l'un des axes.

7. Si une déterminatrice, soit supérieure, soit inférieure, a quelque racine multiple, elle ne doit plus être regardée comme complete. Alors il faut à y substituer cette racine $+ u$, et regarder la transformée en x et en u comme une proposée.

8. Un autre usage non moins curieux du triangle analytique, c'est celui de résoudre toute équation algébrique par suite infinie. Étant donnée une équation algébrique en x et en y pour en tirer la valeur de y en x par une série $\genfrac{}{}{0pt}{}{\text{ascendante}}{\text{décroissante}}$, il faut la mettre sur le triangle analytique couché sur la bande sans x, et en déduire une déterminatrice $\genfrac{}{}{0pt}{}{\text{inférieure}}{\text{supérieure}}$ qui ait une racine simple $y = Ax^h$. Dans la proposée, il faut à y (abstraction faite des signes qui ne détruisent rien ici) substituer cette valeur ; ce qui donnera une transformée dont les termes seront tous affectés de x élevée à différentes puissances. Je nomme m le plus $\genfrac{}{}{0pt}{}{\text{petit}}{\text{grand}}$ exposant, $\genfrac{}{}{0pt}{}{m+n}{m-n}$ l'exposant immédiatement plus $\genfrac{}{}{0pt}{}{\text{grand}}{\text{petit}}$, $\genfrac{}{}{0pt}{}{m+p}{m-p}$ le troisieme, $\genfrac{}{}{0pt}{}{m+q}{m-q}$ le quatrieme, et ainsi de suite. Cela posé, pour avoir tous les exposants de la série, il faut $\genfrac{}{}{0pt}{}{\text{à } h \text{ ajouter}}{\text{de } h \text{ retrancher}}$ successivement chacun des multiples de n ; $\genfrac{}{}{0pt}{}{\text{à}}{\text{de}}$ chacun de ces termes, il faut $\genfrac{}{}{0pt}{}{\text{ajouter}}{\text{retrancher}}$ chacun des multiples de p ; $\genfrac{}{}{0pt}{}{\text{à}}{\text{de}}$ chacun des termes de ces deux suites, on $\genfrac{}{}{0pt}{}{\text{ajoutera}}{\text{retranchera}}$ chacun des multiples de q, et ainsi à l'infini. Après quoi il faut disposer ces nombres suivant le rang qu'ils tiennent dans la suite des nombres naturels. Quant aux coëfficients, on les trouve par la méthode des indéterminées.

9. Par exemple, si j'ai $6x^7 - 2x^5y^2 - a^3x^2y^2 + 4a^3x^3y + 2a^5x^2 - 3a^5xy + a^5y^2 = 0$, et que je demande la valeur de y en x par une série ascendante, je trouve pour déterminatrice inférieure $a^5y^2 - 3a^5xy + 2a^5x^2 = 0$, ou $y = x$, et $y = 2x$. La premiere valeur donne $A = h = 1$; par la substitution la proposée devient $6x^7 - 2x^7 - a^3x^4 + 4a^3x^4 + 2a^5x^2 - 3a^5x^2 + a^5x^2 = 0$. Donc $m = n = 2$, et $p = 5$; donc la premiere suite est 1, 3, 5, 7, 9, 11, etc., et la seconde est 1, 6, 11, 16, 21, 26, etc. + 3, 8, 13, 18, 23, 28, etc. + 5, 10, 15, 20, 25, 30, etc. + 7, 12, 17, 22, 27, 32, etc. + 9, 14, 19, 24, 29, 34, etc. + 11, 16, 21, 26, 31, 36, etc. ; ce qui comprend tous les nombres naturels, excepté 2 et 4 : donc la valeur de y est $y = ax + bx^3 + cx^5 + fx^6 + gx^7 +$ etc. Il ne reste plus qu'à calculer les coëfficients par la méthode des indéterminées.

10. Si la racine de la déterminatrice est multiple, il faut à y substituer cette racine $+ u$, et regarder la transformée en x et en u comme une proposée, et ainsi de suite, jusqu'à ce que la déterminatrice ait une racine simple.

MÉMOIRE

MÉMOIRE

SUR

LES ECLIPSES DE SOLEIL.

NOTIONS PRÉLIMINAIRES.

1. Pour déterminer les circonstances d'une éclipse de soleil, on imagine un observateur au centre du soleil, qui regarde la lune s'avancer sur son orbite tandis que la terre fait sa révolution diurne ; et lorsque l'interposition de la lune lui cache un point de la surface de la terre, ce point éprouve une éclipse de soleil. Or, à cause de l'éloignement du soleil, l'hémisphere éclairé de la terre ne paroît au spectateur que comme un plan, et chacun des points de la surface, au lieu de décrire un cercle, lui paroît s'avancer sur la courbe qui en est la projection. Par la même raison, le mouvement de la lune lui paroît se faire dans ce même plan sur la ligne qui est la projection de sa véritable orbite ; projection qu'on regarde comme une droite à cause du peu de durée de l'éclipse. Pour calculer ces suppositions,

2. Sur un plan quelconque qui me représente le plan qui sépare l'hémisphere obscur de l'hémisphere éclairé de la terre, je trace (*fig.* 2) une droite AO que je regarde comme l'intersection de ce plan avec l'écliptique. Sur cette droite, je prends un point G que je regarde comme le lieu du centre de la terre pendant la durée de l'éclipse. Par ce point G, je tire une droite GX qui fasse, avec la droite AO, un angle dont le sinus soit au rayon, comme le cosinus de l'obliquité de l'écliptique sur l'équateur est au cosinus de la déclinaison du soleil, et qui, par conséquent, représente l'intersection du méridien universel avec le plan de projection. Sur cette droite, je prends une partie GX égale au rayon de la terre ou à la différence des parallaxes horizontales de la lune et du soleil, et une partie GT égale à la différence de leurs déclinaisons, si elles sont de même dénomination, ou à la somme, si elles sont de dénomination contraire

au moment du passage de la lune par le méridien universel, c'est-à-dire au moment où la lune a la même ascension droite que le soleil. Par le point G, j'éleve à la droite AO une perpendiculaire qui me représente l'intersection du plan de projection avec le cercle de latitude, et je prends dessus une partie GL égale à la latitude de la lune au moment de la conjonction, c'est-à-dire au moment où la lune a la même longitude que le soleil. Par les points L et T, je tire la droite LT, projection du centre de la lune pendant la durée de l'éclipse. Enfin sur le même plan je trace la projection du parallele pour lequel je veux calculer: cette projection représente la route de chaque point du parallele pendant la durée de l'éclipse, tandis que le centre de la lune s'avance sur la droite LT.

3. Dans l'éclipse du 17 octobre 1762, le passage de la lune par le méridien universel est à $8^h\ 42'\ 28''$ du matin, temps vrai à Paris; l'inclinaison corrigée du méridien universel sur la projection de l'orbite apparente du centre de la lune est de $62°\ 45'$; la déclinaison du soleil est de $9°\ 19'$ australe croissante : dans celle du premier avril 1764, le passage de la lune par le méridien universel est à $11^h\ 12'\ 5''$ du matin, temps vrai à Paris; l'inclinaison corrigée du méridien universel sur la projection de l'orbite apparente du centre de la lune est de $61°\ 16'$; la déclinaison du soleil est de $4°\ 49'$ boréale croissante.

4. De même que la différence des parallaxes horizontales a été prise pour le rayon de la terre, je regarde la latitude, la déclinaison de la lune, et toute autre ligne dont j'ai besoin, comme sinus d'arcs pris dans le même cercle, et je leur assigne pour valeurs numériques celles qui sont calculées dans les tables de sinus.

5. Dans l'éclipse du 17 octobre 1762, la différence des déclinaisons australes croissantes a pour expression sin. $62°\ 44'\ 30''$; le mouvement horaire, composé de la lune, sin. $34°\ 36'\ 30''$; le diametre du soleil, sin. $32°\ 41'$, et la somme des demi-diametres du soleil et de la lune, sin. $32°\ 56'$: dans celle du premier avril 1764, la différence des déclinaisons boréales croissantes a pour expression sin. $57°\ 27'\ 50''$; le mouvement horaire, composé de la lune, sin. $30°\ 16'\ 30''$; le diametre du soleil, sin. $36°\ 26'\ 30''$; et la somme des demi-diametres du soleil et de la lune, sin. $34°\ 48'$.

6. La distance à chaque instant des projections du centre de la lune et du point de la terre qu'on a en vue, désigne la quotité de la phase qui y a lieu : le diametre du soleil est à l'excès de la somme des demi-diametres du soleil et de la lune sur cette distance, comme $720'$ sont au nombre de minutes de doigt éclipsées. La phase est

australe ou boréale, suivant que la projection du point de la terre est plus proche ou plus éloignée que l'orbite de la lune du pôle boréal de l'équateur.

7. Si on nomme ξ l'arc de 15°, n le mouvement horaire composé de la lune, λ sa distance au méridien universel, mesurée sur la projection de son orbite apparente, H l'angle horaire actuel du lieu qu'on a en vue, T son angle horaire particulier à l'instant où la lune passe par le méridien universel, angle qui désigne la longitude du lieu, on a $\xi : n :: H - T : \lambda$, ou $\lambda = \frac{n}{\xi} \times \overline{H - T}$.

8. *Prob.* Étant donnée la latitude d'un parallele, déterminer l'équation à sa projection orthographique.

Sol. Soit r le sinus total, et à la fois le rayon de la terre, s le sinus, et c le cosinus de la latitude du parallele; p le sinus, et q le cosinus de la déclinaison du soleil. A cause que le parallele (*Trig. sphér.* de M. Mauduit, n° 197) est incliné sur le plan de projection d'un angle égal au complément de la déclinaison du soleil, sa projection est une ellipse dont le centre est sur la droite GX, à une distance $\frac{qs}{r}$ du point G; le demi-grand axe est égal au rayon du parallele, c'est-à-dire au cosinus de sa latitude, et le demi-petit axe est égal à $\frac{cp}{r}$. Donc, sur la droite GX, si on prend un point B tel que $GB = \frac{qs}{r}$, que la droite GX soit la ligne des abscisses, et le point B l'origine des co-ordonnées, l'équation est $r^2x^2 + p^2y^2 - c^2p^2 = 0$.

9. *Prob.* Un point particulier du parallele étant assigné, on demande les co-ordonnées au point de sa projection.

Sol. Par le point assigné abaissons sur le plan du méridien une perpendiculaire qui sera égale et parallele à l'ordonnée au point de projection, cette ligne sera le sinus de la distance du lieu assigné au méridien, mesurée sur le parallele même qui a c pour rayon. Donc, si on nomme g le sinus de l'angle horaire de ce lieu, on a $r : c :: g : y$; donc $y = \frac{cg}{r}$. Cette valeur de y, portée dans l'équation à l'ellipse, donne celle de x: si on nomme h le cosinus de l'angle horaire, on trouve $x = \mp \frac{chp}{r^2}$.

10. *Prob.* Étant donnée la latitude d'un lieu avec son angle horaire, déterminer la relation entre la distance des centres, vue de ce lieu, et la distance de la lune au méridien universel.

Premiere solution. Par le point F, projection du lieu, menons l'ordonnée FM à l'ellipse perpendiculairement au méridien universel GX qui a été pris pour l'axe des abscisses, et tirons une droite FN, parallèlement à l'orbite de la lune, qui coupe le méridien universel en un point N. Du point K, projection de la lune, abaissons sur le méridien universel une perpendiculaire qui le coupe en un point H, et par le point F menons une droite FU égale et parallele à MN. Nommons φ le sinus, et ω le cosinus de l'angle constant GTL de l'orbite de la lune avec le méridien universel, δ la somme ou la différence GT des déclinaisons, Δ la distance des centres KF, et λ la distance KT de la lune au méridien universel. A cause du triangle HKT rectangle en H, on aura $HT = \frac{\lambda\omega}{r}$, et $KH = \frac{\lambda\varphi}{r}$: d'ailleurs nous avons vu que $BG = \frac{qs}{r}$; que $FM = CH = \frac{cg}{r}$, et que $BM = -\frac{chp}{r^2}$. Or $KC = KH - CH$, et $CF = HM = BG + BM - GT - HT$: donc $KC = \frac{\lambda\varphi}{r} - \frac{cg}{r}$, et $CF = \frac{qs}{r} - \frac{chp}{r^2} - \delta - \frac{\lambda\omega}{r}$. Donc la distance des centres KF est l'hypothénuse d'un triangle rectangle qui a pour côtés $\frac{\lambda\varphi - cg}{r}$, et $\frac{qrs - chp - \delta r^2 - r\lambda\omega}{r^2}$, ou $r^4\Delta^2 = r^2(\lambda\varphi - cg)^2 + (qrs - chp - \delta r^2 - r\lambda\omega)^2$.

Seconde solution. Du point F, projection du lieu, abaissons sur l'orbite de la lune une perpendiculaire qui la coupe en un point D, et du point M, où finit l'ordonnée, une autre perpendiculaire qui la coupe en un point Q, et la parallele FN en un point Z. A cause du triangle rectangle MQT, on a $MQ = \frac{MT.\varphi}{r}$, et $QT = \frac{MT.\omega}{r}$: de même, à cause du triangle rectangle FMZ, on a $MZ = \frac{FM.\omega}{r}$, et $FZ = \frac{FM.\varphi}{r}$. Donc $DF = \frac{MT.\varphi}{r} - \frac{FM.\omega}{r}$, et $KD = KT - \frac{FM.\varphi}{r} - \frac{MT.\omega}{r}$, ou $DF = \frac{qrs\varphi - chp\varphi - r^2\delta\varphi - cgr\omega}{r^3}$, et $KD = \frac{r^3\lambda - cgr\varphi - qrs\omega + chp\omega + r^2\delta\omega}{r^3}$. Donc la distance des centres KF est l'hypothénuse d'un triangle rectangle qui a pour côtés $\frac{qrs\varphi - chp\varphi - r^2\delta\varphi - cgr\omega}{r^3}$, et $\frac{r^3\lambda - cgr\varphi - qrs\omega + chp\omega + r^2\delta\omega}{r^3}$; ou $r^6\Delta^2 = (qrs\varphi - chp\varphi - r^2\delta\varphi - cgr\omega)^2 + (r^3\lambda - cgr\varphi - qrs\omega + chp\omega + r^2\delta\omega)^2$.

11. *Scholie I.* Dans ces équations on peut à λ (n° 7) substituer $\frac{n}{\xi} \times \overline{H - T}$. Remarquons que quand $\Delta = 0$, la phase est centrale; quand Δ égale la somme des demi-diametres du soleil et de la lune,

l'éclipse commence ou finit ; quand Δ est parvenu au *minimum*, la phase est la plus grande possible. Chaque phase est australe ou boréale, suivant que l'expression de KD est positive ou négative.

12. *Scholie II.* La supposition primitive est pour p que la déclinaison du soleil, pour δ que la latitude de la lune, et pour s que la latitude du lieu soient boréales ; pour ω, que la lune, en décrivant la projection LT de son orbite corrigée, s'approche du pôle boréal de l'équateur ; pour λ, que la lune ait passé le méridien universel ; pour g, que l'heure soit entre midi et minuit ; et pour h, entre six heures du matin et six heures du soir. Si quelqu'une de ces suppositions n'a pas lieu, il faut, dans les équations, changer le signe des termes affectés des lettres respectives.

13. *Scholie III.* Si on connoît la distance de la lune au méridien universel, et qu'on cherche la distance des centres, la premiere formule, comme plus courte, est la plus commode. Je calcule la valeur numérique de chacun des deux côtés, et ensuite l'hypothénuse m'est donnée par la trigonométrie rectiligne. Si au contraire on connoît Δ, et qu'on cherche λ, la seconde formule, quoique plus longue, est plus commode, parceque λ n'est contenu que dans l'expression de l'un des deux côtés. Je calcule donc la valeur numérique de l'hypothénuse et du côté qui ne contient point λ, la trigonométrie rectiligne me donne la valeur numérique de l'autre côté ; j'égale cette valeur à $\frac{r^3\lambda - cgr\varphi - qrs\omega + chp\omega + r^2\delta\omega}{r^3}$, d'où je tire la valeur de λ.

14. *Exemple I.* Dans l'éclipse du 17 octobre 1762, je demande la distance des centres pour Paris à $7^h\ 58'$ du matin.

Sol. Comme g, p, λ et ω changent de signes, l'expression de KC devient $\frac{-\lambda\varphi + cg}{r}$, et celle de CF devient $\frac{qrs + chp - \delta r^2 - r\lambda\omega}{r^2}$. Relativement au mouvement horaire, on a $\lambda = \sin. 24° 53' 35''$; d'ailleurs $\delta = \sin. 62° 44' 30''$, $\varphi = \sin. 62° 45'$, $\omega = \cos. 62° 45'$, $p = \sin. 9° 19'$, $q = \cos. 9° 19'$, $s = \sin. 48° 50' 10''$, $c = \cos. 48° 50' 10''$, $g = \sin. 60° 30'$, $h = \cos. 60° 30'$. Donc KC $= \sin. 11° 27' 30''$, et CF $= - \sin. 16° 38' 10''$; donc (Trig. rect.) l'hypothénuse KF $= \sin. 20° 23' 40''$. Cette distance des centres, convertie en phase par la méthode du n° 6, donne $4^d\ 20'\ b$.

15. *Exemple II.* Dans l'éclipse du premier avril 1764, je demande la distance des centres pour Paris à $10^h\ 40'$ du matin.

Sol. Comme g et λ changent de signes, l'expression de KC devient $\frac{-\lambda\varphi + cg}{r}$, et celle de CF devient $\frac{qrs - chp - \delta r^2 + r\lambda\omega}{r^2}$. Relativement au mouvement horaire, on a $\lambda = \sin. 15° 38' 20''$; d'ailleurs

$\delta =$ sin. 57° 27′ 50″, $\phi =$ sin. 61° 16′, $\omega =$ cos. 61° 16′, $p =$ sin. 4° 49′, $q =$ cos. 4° 49′, $s =$ sin. 48° 50′ 10″, $c =$ cos. 48° 50′ 10″, $g =$ sin. 20°, $h =$ cos. 20°. Donc KC = sin. 0° 38′ 45″, et CF = — sin. 0° 52′ 18″; donc (Trig. rect.) l'hypothénuse KF = sin. 1° 5′ 6″. Cette distance des centres, convertie en phase par la méthode du n° 6, donne $11^{d}\,8'\,b$.

16. *Exemple III.* Dans l'éclipse du 17 octobre 1762, je suppose que le sinus de 20° 23′ 40″ soit la distance des centres, à $7^{h}\,58'$ du matin, pour un lieu situé sous le parallele de Paris, et je demande la distance de la lune au méridien universel.

Sol. Comme g, p et ω, changent de signes, l'expression de DF devient $\frac{qrs\phi + chp\phi - r^2\delta\phi - cgr\omega}{r^3}$. Donc DF = sin. 20° 12′ 40″: par la supposition, KF = sin. 20° 23′ 40″; donc KD = sin. 2° 36′ 50″. D'ailleurs l'expression de KD devient $\frac{r^3\lambda + cgr\phi + qrs\omega + chp\omega - r^2\delta\omega}{r^3}$; donc aussi KD = λ + sin. 27° 48′ 15″; donc sin. 2° 36′ 50″ = λ + sin. 27° 48′ 15″; donc λ = — sin. 24° 53′ 35″.

Relativement au mouvement horaire, il faut à la lune 44′ 28″ pour décrire λ; donc, au moment de son passage par le méridien universel, le lieu indiqué comptoit $8^{h}\,42'\,28''$; donc il étoit sous le méridien de Paris; donc c'étoit Paris même.

17. *Exemple IV.* Dans l'éclipse du premier avril 1764, je suppose que le sinus de 1° 5′ 6″ soit la distance des centres pour un lieu situé sous le parallele de Paris, à $10^{h}\,40'$ du matin, et je demande la distance de la lune au méridien universel.

Sol. Comme g change de signe, l'expression de DF devient $\frac{qrs\phi - chp\phi - r^2\delta\phi + cgr\omega}{r^3}$. Donc DF = — sin. 1° 4′ 30″: par la supposition, KF = sin. 1° 5′ 6″; donc KD = — sin. 0° 8′ 51″. D'ailleurs l'expression de KD devient $\frac{r^3\lambda + cgr\phi - qrs\omega + chp\omega + r^2\delta\omega}{r^3}$; donc aussi KD = λ + sin. 15° 29′ 10″; donc — sin. 0° 8′ 51″ = λ + sin. 15° 29′ 10″; donc λ = — sin. 15° 38′ 20″.

Relativement au mouvement horaire, il faut à la lune 32′ 5″ pour décrire λ; donc, au moment de son passage par le méridien universel, le lieu indiqué comptoit $11^{h}\,12'\,5''$; donc il étoit sous le méridien de Paris; donc c'étoit Paris même.

18. *Prob.* Déterminer la relation entre la latitude d'un lieu, la distance des centres au lever ou au coucher du soleil, et la distance de la lune au méridien universel.

Sol. Le symptôme du lever et du coucher du soleil est que $h = -\frac{prs}{cq}$, et que $g = \frac{r^2\sqrt{q^2 - s^2}}{cq}$. Substituons ces valeurs dans la premiere équation du n° 10, nous trouverons $2r\lambda\varphi \cdot \sqrt{q^2 - s^2} = 2q\delta\lambda\omega - 2rs \cdot (r\delta + \lambda\omega) + qr \cdot (r^2 + \lambda^2 + \delta^2 - \Delta^2)$.

19. *Prob.* Déterminer la relation entre la latitude d'un lieu, son angle horaire à l'instant de la plus grande phase, et la distance de la lune au méridien universel.

Sol. Puisque $CF^2 + KC^2 = KF^2$, on a $CF \cdot d \cdot CF + KC \cdot d \cdot KC = KF \cdot d \cdot KF$. Or le symptôme du *minimum* de KF est que $d \cdot KF = 0$. Donc il faut supposer $CF \cdot d \cdot CF + KC \cdot d \cdot KC = 0$; donc $\frac{CF}{KC} = \frac{d.KC}{-d.CF}$; donc (n° 10) $\frac{qrs - chp - \delta r^2 - r\lambda\omega}{r\lambda\varphi - cgr} = \frac{r\varphi d\lambda - crdg}{cpdh + r\omega d\lambda}$. Maintenant on a (Trig.) $dh = -\frac{gdg}{h}$, et (n° 7) $d\lambda = \frac{\eta dH}{\xi}$, ou $d\lambda = \frac{\eta rdg}{h\xi}$; donc $\frac{qrs - chp - \delta r^2 - r\lambda\omega}{\lambda\varphi - cg} = \frac{r^3\eta\varphi - chr^2\xi}{r^2\eta\omega - cgp\xi}$, ou $r^5\eta\lambda + r^4\delta\eta\omega + c^2ghq^2\xi + cgpqrs\xi + chpr^2\eta\omega = qr^3s\eta\omega + cgpr\xi\lambda\omega + cgpr^2\delta\xi + cgr^3\eta\varphi + chr^2\xi\lambda\varphi$.

20. *Exemple I.* Dans l'éclipse du 17 octobre 1762, je suppose que, pour un lieu situé sous le parallele de Paris, la plus grande phase arrive à $7^h 58'$ du matin, et je demande la distance de la lune au méridien universel.

Sol. Comme g, p et ω, changent de signes, l'équation devient $\frac{qrs + chp - \delta r^2 + r\lambda\omega}{\lambda\varphi + cg} = \frac{r^3\eta\varphi - chr^2\xi}{-r^2\eta\omega - cgp\xi}$. J'évalue d'abord le second membre de l'équation en substituant aux lettres les valeurs indiquées au n°14, auxquelles je joins $\eta = \sin. 34° 36' 30''$, et $\xi = \sin. 15° 10' 37''$, et il devient $-\cot. 34° 5' 30''$. Donc $qrs + chp - \delta r^2 + r\lambda\omega = -\cot. 34° 5' 30'' \times (\lambda\varphi + cg)$. J'acheve ensuite le calcul, et je trouve $\lambda = -\sin. 24° 53' 35''$.

Cette valeur de λ (n° 16) donne une longitude nulle. Donc c'est à Paris que la plus grande phase arrive à $7^h 58'$ du matin.

21. *Exemple II.* Dans l'éclipse du premier avril 1764, je suppose que, pour un lieu situé sous le parallele de Paris, la plus grande phase arrive à $10^h 40'$ du matin, et je demande la distance de la lune au méridien universel.

Sol. Comme g change de signe, l'équation devient $\frac{qrs - chp - \delta r^2 - r\lambda\omega}{\lambda\varphi + cg} = \frac{r^3\eta\varphi - chr^2\xi}{r^2\eta\omega + cgp\xi}$. J'évalue d'abord le second membre de l'équation en substituant aux lettres les valeurs indiquées au n° 15, auxquelles je joins $\eta = \sin. 30^\circ 16' 30''$, et $\xi = \sin. 15^\circ 10' 37''$, et il devient cot. $41^\circ 26' 20''$. Donc $qrs - chp - \delta r^2 - r\lambda\omega = \cot. 41^\circ 26' 20'' \times (\lambda\phi + cg)$. J'achève ensuite le calcul, et je trouve $\lambda = \sin. 15^\circ 38' 20''$.

Cette valeur de λ (n° 17) donne une longitude nulle. Donc c'est à Paris que la plus grande phase arrive à $10^h 40'$ du matin.

22. *Prob.* Déterminer la relation entre la latitude d'un lieu et la distance de la lune au méridien universel à l'instant de la plus grande phase, en supposant que cet instant soit celui du lever ou du coucher du soleil.

Sol. Dans l'équation du n° 19, substituons (n° 18) $-\frac{prs}{cq}$ à h, et $\frac{r^2\sqrt{q^2 - s^2}}{cq}$ à g, nous trouverons

$$\sqrt{q^2 - s^2} = \frac{qr^2\eta\lambda + qr\delta\eta\omega - r^2 s\eta\omega + ps\xi\lambda\phi}{pr\delta\xi + p\xi\lambda\omega + r^2\eta\phi}.$$

23. *Prob.* Déterminer la relation entre la latitude d'un lieu, son angle horaire à l'instant de la plus grande phase, et la distance des centres.

Sol. Avec les équations des numéros 10 et 19, éliminons λ, nous trouverons $\frac{r^2\Delta.(cgp\xi\omega + chr\xi\phi - r^4\eta)}{qrs\phi - cgr\omega - chp\phi - r^2\delta\phi} =$ $(c^2g^2p^2\xi^2 + c^2h^2r^2\xi^2 - 2cgpr^2\eta\xi\omega - 2chr^3\eta\xi\phi - r^6\eta^2)^{\frac{1}{2}}$.

24. *Scholie.* Il est plus commode, dans la pratique, de tirer du n° 19 la valeur de λ et de la porter dans la premiere équation du n° 10. Par cette méthode, on trouvera que la valeur $\lambda = -\sin. 24^\circ 53' 35''$ du n° 20 donne $\Delta = \sin. 20^\circ 23' 40''$, ou $\Delta = 4^d 20' b.$, et que la valeur $\lambda = \sin. 15^\circ 38' 20''$ du n° 21 donne $\Delta = \sin. 1^\circ 5' 6''$, ou $\Delta = 11^d 8' b.$

25. *Prob.* Déterminer la relation entre la latitude d'un lieu et la distance des centres à l'instant de la plus grande phase, en supposant que cet instant soit celui du lever ou du coucher du soleil.

Sol. Dans l'équation du n° 23, substituons (n° 18) $-\frac{prs}{cq}$ à h, et $\frac{r^2\sqrt{q^2 - s^2}}{cq}$ à g, nous trouverons $\frac{q\Delta.(qr^2\eta + ps\xi\phi - p\xi\omega\sqrt{q^2 - s^2})}{q\delta\phi - rs\phi + r\omega\sqrt{q^2 - s^2}} =$ $(p^2q^2\xi^2 - q^2r^2\eta^2 + 2pqs\eta\xi\phi - 2pq\eta\xi\omega\sqrt{q^2 - s^2})^{\frac{1}{2}}$.

26. *Prob.* Déterminer la relation entre la latitude et l'angle horaire de chacun des lieux pour qui la phase est centrale.

Sol. La supposition de DF = 0 donne (n° 10) $qrs\phi - chp\phi - r^2\delta\phi - cgr\omega = 0$: soit $r\omega = t\phi$, c'est-à-dire nommons t la cotangente

tangente de l'angle du méridien universel avec l'orbite de la lune, nous aurons $cgt + chp + \delta r^2 - qrs = 0$. La supposition primitive sur t est la même (nº 12) que sur ω.

27. *Scholie.* La solution de cette équation n'exige que l'élimination du sinus ou du cosinus de la quantité demandée, afin de ne laisser que l'un des deux : mais comme l'équation seroit élevée et compliquée par cette élimination, il vaut mieux la décomposer en proportions trigonométriques; c'est ce que nous allons enseigner.

28. *Prob.* Étant donnée la latitude d'un lieu pour qui la phase est centrale, déterminer son angle horaire.

Sol. Soit n le sinus et m le cosinus d'un angle aigu A tel qu'on ait $m : n :: t : p$, ou $r : \frac{r^2}{t} :: p : \frac{nr}{m}$; dans l'équation du nº 26, substituons $\frac{mp}{n}$ à t, elle deviendra

$$\frac{nqs - nr\delta}{cp} = \frac{gm + hn}{r}, \text{ ou } \frac{nqs - nr\delta}{cp} = \sin.\overline{A + H}.$$

29. *Scholie.* La supposition primitive pour n est que p et t changent tous deux de signe, ou n'en changent ni l'un ni l'autre. Dans l'éclipse du 17 octobre 1762, on a A = 17° 27′, et dans celle du premier avril 1764, on a A = 8° 42′ 30″.

30. *Exemple I.* Je suppose que le 17 octobre 1762, la phase soit centrale pour un lieu qui a 45° de latitude boréale, et je demande l'angle horaire.

Sol. Comme p change de signe, le premier membre de l'équation devient $\frac{nr\delta - nqs}{cp}$, ou sin. 30° 3′ 10″, ou sin. 149° 56′ 50″. Donc la somme de 17° 27′, et de l'angle horaire demandé, est égale à 30° 3′ 10″, et à 149° 56′ 50″; donc il y a deux angles horaires, l'un de 12° 41′ 10″, et l'autre de 132° 29′ 50″.

31. *Exemple II.* Je suppose que le premier avril 1764, la phase soit centrale pour un lieu qui a 48° 50′ 10″ de latitude boréale, et je demande l'angle horaire.

Sol. On a $\frac{nqs - nr\delta}{cp}$ = sin. 194° 47′ 30″ = sin. 345° 12′ 30″. Donc la somme de 8° 42′ 30″, et de l'angle horaire demandé, est égale à 194° 47′ 30″, et à 345° 12′ 30″; donc il y a deux angles horaires, l'un de 186° 5′, et l'autre de 336° 30′.

32. *Scholie.* Remarquons que les deux solutions géométriques n'ont pas toujours lieu pour l'hémisphere éclairé : elles indiquent les angles horaires des deux points d'intersection de la projection du parallele avec l'orbite de la lune. Or il peut arriver que quelqu'un des

points dont ils sont la projection soit dans l'hémisphere obscur. Il faut donc calculer l'arc sémi-diurne du parallele pour constater si les points correspondants sont dans l'hémisphere obscur ou dans l'hémisphere éclairé.

33. *Prob.* Étant donné l'angle horaire d'un lieu pour qui la phase est centrale, déterminer sa latitude.

Sol. Soit l le sinus, et k le cosinus d'un angle aigu B tel qu'on ait $\frac{lr}{k} : \frac{gm + hn}{r} :: \frac{pr}{q} : n$; dans l'équation du n° 28, substituons $\frac{lnq}{kp}$ à $\frac{gm + hn}{r}$, nous trouverons $q : k :: \delta : \frac{ks - cl}{r}$. S'il arrive que, par le changement des signes dans les trois derniers termes de la premiere proportion, la valeur du premier terme soit négative, il faudra, dans le quatrieme terme de la seconde proportion, changer le signe de l.

34. *Exemple I.* Je suppose que le 17 octobre 1762 la phase soit centrale pour un lieu à 9^h du matin, et je demande sa latitude.

Sol. Puisque g et p changent de signes, la proportion devient $\frac{lr}{k} : \frac{gm - hn}{r} :: \frac{pr}{q} : n$. Donc tang. B : sin. $(45° \, 0' - 17° \, 27') =$ sin. $27° \, 33'$ :: tang. $9° \, 19'$: sin. $17° \, 27'$; donc B $= 14° \, 12'$; donc $\frac{k\delta}{q} =$ sin. $60° \, 50' \, 40'' =$ sin. $119° \, 9' \, 20''$; donc l'excès de la latitude cherchée sur $14° \, 12'$ est de $60° \, 50' \, 40''$, et de $119° \, 9' \, 20''$; donc il y a deux latitudes, l'une de $75° \, 2' \, 40''$, et l'autre de $133° \, 21' \, 20''$.

35. *Exemple II.* Je suppose que le premier avril 1764 la phase soit centrale pour un lieu à $5^h \, 25' \, 10''$ du soir, et je demande sa latitude.

Sol. Puisque tang. B : r :: tang. $4° \, 49'$: sin. $8° \, 42' \, 30''$, on a B $= 29° \, 6'$. Donc $\frac{k\delta}{q} =$ sin. $47° \, 41' \, 20'' =$ sin. $132° \, 18' \, 40''$; donc l'excès de la latitude cherchée sur $29° \, 6'$ est de $47° \, 41' \, 20''$, et de $132° \, 18' \, 40''$; donc il y a deux latitudes, l'une de $76° \, 47' \, 20''$, et l'autre de $161° \, 24' \, 40''$.

36. *Scholie I.* On voit qu'ici l'algebre donne deux solutions. En effet, le problême consiste à déterminer la latitude des paralleles dont la projection passe par les points d'intersection d'un cercle horaire assigné avec l'orbite de la lune : or cette orbite a deux points d'intersection avec la projection de chaque cercle horaire ; et comme chaque cercle horaire répond à deux angles horaires éloignés de 180°, ces deux intersections donnent les latitudes des lieux qui passent tous deux sur l'orbite de la lune, mais avec des angles horaires qui different

de 180°. Puis donc que, de ces deux angles horaires, on n'en avoit qu'un en vue, une des deux solutions est étrangere à la question; c'est toujours celle qui donne une latitude plus grande que de 90°. Mais si chacune des deux latitudes étoit moindre que de 90°, elles satisferoient toutes deux au problême, et il faudroit en conclure que chacune des intersections répond à la même partie du cercle horaire; et réciproquement, si toutes deux surpassoient 90°, aucune ne résoudroit la question. Remarquons qu'une latitude qui surpasseroit 270° ne seroit point à rejetter; ce seroit une latitude moindre que de 90° et de dénomination contraire. Lorsqu'on aura la latitude qui répond à l'angle horaire assigné, il faudra calculer l'arc sémi-diurne pour s'assurer si le lieu est dans l'hémisphere obscur ou dans l'hémisphere éclairé.

37. *Scholie II.* S'il s'agissoit de midi, on auroit $g = o$ et $h = r$. Donc la premiere proportion donneroit $\frac{l}{k} = \frac{p}{q}$, ou $k = q$ et $l = p$; donc on tireroit de la seconde $\delta = \frac{qs - cp}{r}$; et en effet, c'est ce que devient l'équation du n° 26 par la supposition de $g = o$ et $h = r$. Ainsi, dans l'éclipse du premier avril 1764, $\delta = \sin. 57° 29' 50'' = \sin. 122° 30' 10''$. Donc la différence entre la déclinaison du soleil et la latitude du lieu pour qui la phase est centrale à midi est de 57° 29' 50'', et de 122° 30' 10''; donc il y a deux latitudes, l'une de 62° 18' 50'', et l'autre de 127° 19' 10''.

38. *Récapitulation.* Pour résoudre l'équation $cgt + chp + \delta r^2 - qrs = o$, on a donc toujours ces deux proportions; le sinus de l'angle A est à la tangente de la déclinaison du soleil, comme le sinus de la somme ou de la différence de l'angle horaire H et de l'angle A est à la tangente d'un angle B; ensuite le cosinus de la déclinaison du soleil est au cosinus de l'angle B, comme la somme ou la différence constante des déclinaisons du soleil et de la lune est au sinus de la somme ou de la différence de l'angle B et de la latitude L du lieu. Pour discerner dans le moment si c'est la somme ou la différence, voici l'énumération de tous les cas. Par la combinaison des signes, il y a huit formules, qui sont

$$1.\quad cgt + chp + \delta r^2 + qrs = o,$$
$$2.\quad cgt + chp - \delta r^2 + qrs = o,$$
$$3.\quad cgt + chp + \delta r^2 - qrs = o,$$
$$4.\quad cgt + chp - \delta r^2 - qrs = o,$$

$$5.\ cgt - chp + \delta r^2 - qrs = 0,$$
$$6.\ cgt - chp - \delta r^2 - qrs = 0,$$
$$7.\ cgt - chp + \delta r^2 + qrs = 0,$$
$$8.\ cgt - chp - \delta r^2 + qrs = 0.$$

Dans la premiere, la relation est contradictoire.
Dans la seconde, il faut prendre A + H et B + L.
Dans la troisieme, A + H et L — B.
Dans la quatrieme, A + H et B — L.
Dans la cinquieme, H — A et L — B, ou A — H et B + L.
Dans la sixieme, H — A et B — L.
Dans la septieme, A — H et B — L.
Dans la huitieme, A — H et L — B, ou H — A et B + L.

39. *Prob.* Déterminer la latitude des lieux pour qui la phase est centrale au lever ou au coucher du soleil.

Sol. Soit $\frac{rs}{q} = \cos. f$ et $\frac{\delta\varphi}{r} = \sin. \varepsilon$, l'équation (n° 26) $qrs\varphi - chp\varphi - r^2\delta\varphi - cgr\omega = 0$ deviendra $cgr\omega + chp\varphi = q^2\varphi \cdot \cos. f - r^3 \cdot \sin. \varepsilon$. Le symptôme du lever et du coucher du soleil sera (n° 18) que $h = -\frac{p \cdot \cos. f}{c}$, et que $g = \frac{r \varepsilon \sin. f}{c}$. Par la substitution de ces valeurs, on trouve $r \cdot \sin. \varepsilon = \varphi \cdot \cos. f - \omega \cdot \sin. f$. Donc $\pm$ Arc sin. $\frac{\delta\varphi}{r}$ = Arc sin. φ — Arc cos. $\frac{rs}{q}$, ou Arc cos. $\frac{rs}{q}$ = Arc sin. φ $\mp$ Arc sin. $\frac{\delta\varphi}{r}$.

40. *Scholie.* Si $\delta < r$, des deux valeurs de s celle qui est donnée par le signe supérieur désigne la latitude du lieu qui voit la phase centrale au coucher du soleil, et celle qui est donnée par le signe inférieur désigne la latitude du lieu qui voit la phase centrale au lever du soleil. Si $\delta > r$ et a le même signe que t, chacune des valeurs de s répond au lever du soleil; si $\delta > r$ et a un signe contraire à celui de t, chacune des valeurs de s répond au coucher du soleil: si $\delta\varphi = r^2$, les deux valeurs de s sont égales.

Exemple. Dans l'éclipse du premier avril 1764, déterminer la latitude du lieu qui voit la phase centrale au lever ou au coucher du soleil.

Sol. Par la substitution des valeurs de φ et de δ, on trouve $\frac{\delta\varphi}{r}$ = sin. 47° 40′. Donc $\frac{rs}{q}$ = cos. (61° 16′ $\mp$ 47° 40′); donc les deux valeurs de rs sont cos. 4° 49′ × cos. 13° 36′, et cos. 4° 49′ × cos. 108° 56′;

donc les deux latitudes qui ont s pour sinus sont, l'une de $75^d\,35'\,20''$ au coucher du soleil, et l'autre de $18^\circ\,51'\,50''$ au lever du soleil.

41. *Prob.* De tous les lieux qui voient la phase centrale, on demande l'angle horaire de celui qui a la plus grande ou la plus petite latitude possible.

Sol. Par la nature de la question dans l'équation du n° 26, les variables sont c, s, g et h. Donc on en tire $ctdg + gtdc + cpdh + hpdc - qrds = 0$: or $-ds = \frac{cdc}{s}$ et $dg = -\frac{hdh}{g}$; donc on a $cgqrdc + ghpsdc + g^2stdc + cgpsdh - chstdh = 0$; donc, par la supposition de $dc = 0$, on a $ht = gp$, ou $h : g :: p : t$; donc la solution donne deux angles ; savoir (n° 28), $90^\circ - A$, et $270^\circ - A$. Si p et t changent de signe l'un sans l'autre, ces angles sont $90^\circ + A$ et $270^\circ + A$. La latitude correspondante (n° 33) est un *maximum* ou un *minimum*.

42. *Prob.* De tous les lieux qui voient la phase centrale, on demande la latitude de celui qui a le plus grand ou le plus petit angle horaire possible.

Sol. Par la supposition de $dh = 0$, l'équation $cgqrdc + ghpsdc + g^2stdc + cgpsdh - chstdh = 0$ du n° 41 devient $cqr + hps + gst = 0$, d'où on tire $-gt - hp = \frac{cqr}{s}$. L'équation $cgt + chp + \delta r^2 - qrs = 0$ du n° 26 donne $-gt - hp = \frac{r^2\delta - qrs}{c}$. Donc $\frac{cq}{s} = \frac{r\delta - qs}{c}$; donc $c^2q + qs^2 = rs\delta$: or $c^2 + s^2 = r^2$; donc $qr = s\delta$; donc $\delta : r :: q : s$.

S'il y a un angle horaire correspondant à la latitude déterminée par cette proportion, ce sera un *maximum* ou un *minimum*. Pour le trouver, dans l'équation $-gt - hp = \frac{cqr}{s}$, substituons (n° 28) $\frac{mp}{n}$ à t, elle deviendra $\frac{gm + hn}{r} = -\frac{cnq}{ps}$; donc $\frac{pr}{q} : \frac{cr}{s} :: -n : \frac{gm + hn}{r}$.

43. *Scholie.* Remarquons que le problême n'a lieu qu'autant que $\delta > q$. En effet q est la distance du centre de la terre à la projection du pôle ; or si on trace la projection des cercles horaires, on verra que, si l'intersection du méridien universel avec l'orbite de la lune est plus proche du centre de la terre que la projection du pôle, l'orbite rencontre chacun des cercles horaires ; au contraire, si cette intersection est plus éloignée du centre de la terre que la projection du pôle, l'orbite de la lune ne rencontre pas tous les cercles horaires ; donc alors il y aura un cercle horaire qui sera le dernier rencontré, et le lieu cor-

respondant aura le plus grand ou le plus petit angle horaire possible.

44. *Prob.* Étant donnée la latitude d'un lieu avec son angle horaire à l'instant où il voit la phase centrale, déterminer sa longitude.

Sol. La supposition de KC = o donne (n° 10) $\lambda\varphi - cg = o$: tirez-en la distance de la lune au méridien universel, vous en conclurez (n° 7) la longitude du lieu.

45. *Exemple.* Dans l'éclipse du premier avril 1764, je suppose que la phase soit centrale à midi pour un lieu (n° 37) dont la latitude est boréale de 62° 18′ 50″, et je demande sa longitude.

Sol. Puisque $g = o$, l'équation $\lambda\varphi - cg = o$ donne aussi $\lambda = o$. Donc, à l'instant indiqué, la lune passe par le méridien universel ; donc Paris (n° 3) compte 11h 12′ 5″ tandis qu'il est midi pour le lieu cherché ; donc ce lieu est plus oriental que Paris de 0h 47′ 55″, ou 11° 58′ 45″.

46. *Conclusion.* Voici, sur l'éclipse du premier avril 1764, des exemples de dispositifs pour le moment de la plus grande phase : le premier est une application des méthodes données aux nos 19 et 24 ; et le second, aux nos 33 et 44 : nous prenons pour premier méridien celui de Paris.

La latitude étant donnée avec les angles horaires successifs.

Parallele boréal de 48° 50′.

Heures.			Phases.		Longitudes.		
5h	37′	52″	6 doigts.	43′ austr.	65°	15′	0″ occ.
6	0	0	6	47	59	41	0
7	0	0	7	15	45	20	30
8	0	0	8	7	32	1	15
9	0	0	9	19	19	31	15
10	0	0	10	49	7	37	45
10	26	0	11	32	2	37	0
10	40	0	11	8 bor.	0	0	0
11	0	0	10	33	3	5	30 or.
12	0	0	8	50	14	11	45
1	0	0	7	11	25	58	45
2	0	0	5	45	36	53	45
3	0	0	4	37	48	0	30
4	0	0	3	50	59	39	0
5	0	0	3	27	72	10	0
5	25	10	3	25	77	45	0
6	0	0	3	29	85	50	0
6	22	8	3	36	91	19	30

Les angles horaires étant donnés, trouver les latitudes et les longitudes.

Phase centrale, 11 doigts 32'.

Heures.		Latitudes.		Longitudes.		
5h	53'	18°	52' bor.	47°	34'	30" occ.
6	0.	19	3.	45	57	0
7	0.	21	57.	32	25	30
8	0.	27	27.	21	56	45
9	0.	35	16.	13	26	0
10	0.	44	38.	5	56	45
10	26.	48	50.	2	37	0
10	45.	51	52.	0	0	0
11	0.	54	10.	2	7	15 or.
12	0.	62	19.	11	58	45
1	0.	68	17.	23	43	45
2	0.	72	15.	36	48	30
3	0.	74	43.	50	25	30
4	0.	76	7.	64	55	45
5	0.	76	44.	79	27	30
5	25.	76	47.	85	36	15
6	0.	76	41.	94	9	45
7	0.	75	57.	109	1	15
7	17.	75	35.	113	36	0

47. *Avertissement.* Les équations des nos 10, 19 et 23, ne sont solubles que relativement à Δ et à λ : pour les résoudre relativement à la latitude ou à l'angle horaire, il faudroit leur donner une complication qui les rendroit intraitables. Cependant on peut suppléer au défaut de méthode directe par une méthode indirecte, dans le seul cas où la distance des centres, sans être nulle, est donnée à l'instant de la plus grande phase. Il faut, outre la distance des centres, supposer connue l'inclinaison de la ligne des centres sur l'orbite de la lune en parcourant les différents degrés de cette inclinaison et en commençant par 90°. Il en résulte un dispositif à quatre colonnes : la première contient l'inclinaison de la ligne des centres, la seconde la latitude du lieu, la troisieme son angle horaire à l'instant de la plus grande phase, et la quatrieme sa longitude, déduite de la distance de la lune au méridien universel. Après le calcul on peut effacer la premiere. Cette nouvelle variable, outre l'inconvénient de compliquer le calcul, a celui de n'être utile que pour un seul problême : cependant

on ne doit pas négliger les secours qu'elle fournit pour une question qui n'est susceptible d'aucune autre méthode.

48. *Dénominations.* Soit π le sinus et Ψ le cosinus de l'angle de la ligne des centres avec l'orbite de la lune ; σ le sinus, et τ la cotangente de l'angle de la ligne des centres avec le méridien universel ; ν le sinus, et μ le cosinus d'un angle aigu ϵ tel qu'on ait $\frac{r\mu}{\nu} : \tau :: p : r$, ou $\tau = \frac{r^2\mu}{p\nu}$. La supposition primitive pour Ψ est que l'angle inférieur de la ligne des centres avec l'orbite de la lune soit aigu du côté de l'orient.

49. *Prob.* Déterminer la relation entre la latitude d'un lieu, son angle horaire à l'instant de la plus grande phase ; et l'inclinaison de la ligne des centres.

Sol. A un instant quelconque, on a $\frac{\tau}{r} = \frac{CF}{KC}$, ou (n° 10) $\tau = \frac{qrs - chp - \delta r^2 - r\lambda\omega}{\lambda\varphi - cg}$. Donc, à l'instant de la plus grande phase (n° 19) on a $\tau = \frac{r^3 n\varphi - chr^2\xi}{r^2 n\omega - cgp\xi}$, ou $c = \frac{r^2 n.(r\varphi - \tau\omega)}{\xi.(hr^2 - gp\tau)}$.

50. *Scholie.* Dans cette valeur de c, substituons (Trig.) $\frac{r^2\Psi}{\sigma}$ à $r\varphi - \tau\omega$, nous trouverons $hr - gp\tau = \frac{r^4 n\Psi}{c\xi\sigma}$. Substituons (n° 48) $\frac{r^2\mu}{p\nu}$ à τ, nous aurons $rn\nu\Psi = c\xi\sigma . \frac{h\nu - g\mu}{r}$, ou $c\xi\sigma : n\nu\Psi :: r :$ sin. $(\epsilon - H)$.

51. *Prob.* Déterminer à quel angle horaire répond le *minimum* de toutes les valeurs de τ qui peuvent donner un *minimum* de Δ.

Sol. Puisqu'au *minimum* de Δ (n° 49) répond $\tau = \frac{r^3 n\varphi - chr^2\xi}{r^2 n\omega - cgp\xi}$, le symptôme du *minimum* cherché est que $(r^2 n\varphi - chr\xi) \times - cp\xi dg = (r^2 n\omega - cgp\xi) \times - cr\xi dh$; or $dh = -\frac{gdg}{h}$; donc on a $grn\omega + hpn\varphi = cpr\xi$, ou (n° 26) $gtn\varphi + hpn\varphi = cpr\xi$. Substituons (n° 28) $\frac{nt}{m}$ à p, nous trouverons $\frac{gm + hn}{r} = \frac{cn\xi}{n\varphi}$, ou $\frac{n\varphi}{\xi} : c ::$ sin. A : sin. (A + H).

52. *Prob.* Déterminer la relation entre tous les *minima* de τ sous les différentes latitudes et les angles horaires correspondants.

Sol. Égalons les deux valeurs de c données par les équations des n°s 49 et 51, nous trouverons $\frac{gr}{h} = -\frac{p\tau}{r}$, ou $p : r :: -\frac{gr}{h} : \tau$. L'angle horaire désigné par cette proportion est (n° 48) le complément de ϵ.

53.

53. *Prob.* Déterminer la relation entre tous les *minima* de τ qui ont lieu aux différentes heures respectives, et les latitudes correspondantes.

Sol. Avec les équations des n°s 51 et 52, il faut éliminer l'angle horaire; on trouve $r^2\eta\varphi - \eta r\tau\omega = \pm c\xi \cdot \sqrt{r^4 + p^2\tau^2}$, ou (Trig.) $r^3\eta\Psi = \pm c\xi\sigma \cdot \sqrt{r^4 + p^2\tau^2}$, ou (n° 48) $c\xi\sigma = \eta\nu\Psi$. Dans ce cas on a (n° 50) $r = \sin.(\beta - \mathrm{H})$; ce qui nous avertit encore que l'angle horaire devient le complément de β.

54. *Prob.* Déterminer la relation entre la latitude d'un lieu, la distance des centres à l'instant de la plus grande phase, et l'inclinaison de la ligne des centres.

Sol. Le triangle rectangle DFK donne $\pi \cdot \mathrm{KF} = r \cdot \mathrm{DF}$. Donc (n° 10) $r^2\pi\Delta = qrs\varphi - chp\varphi - cgr\omega - r^2\delta\varphi$. Soit $b\varphi = r^2$, nous aurons $b\pi\Delta = qrs - chp - cgt - r^2\delta$. Substituons (n° 28) $\frac{mp}{n}$ à t, nous trouverons $\frac{n.(qrs - r^2\delta - b\pi\Delta)}{cpr} = \frac{gm + hn}{r}$, ou $\frac{n.(qrs - r^2\delta - b\pi\Delta)}{cpr} = \sin.\overline{\mathrm{A} + \mathrm{H}}$. La proportion du n° 50 donne $\sin.\overline{\beta - \mathrm{H}} = \frac{r\eta\nu\Psi}{c\xi\sigma}$, et conséquemment $\cos.\overline{\beta - \mathrm{H}} = \frac{r\sqrt{c^2\xi^2\sigma^2 - \eta^2\nu^2\Psi^2}}{c\xi\sigma}$. Substituons ces valeurs analytiques dans l'équation trigonométrique $r \cdot \sin.\overline{\mathrm{A} + \mathrm{H}} = \sin.\overline{\mathrm{A} + \beta} \cdot \cos.\overline{\beta - \mathrm{H}} - \sin.\overline{\beta - \mathrm{H}} \cdot \cos.\overline{\mathrm{A} + \beta}$, nous aurons $pr\eta\nu\Psi \cdot \cos.\overline{\mathrm{A} + \beta} + n\xi\sigma(qrs - r^2\delta - b\pi\Delta) = \pm pr \cdot \sin.\overline{\mathrm{A} + \beta} \cdot \sqrt{c^2\xi^2\sigma^2 - \eta^2\nu^2\Psi^2}$, ou $pr\eta\nu\Psi \cdot \cos.\overline{\mathrm{A} + \beta} + n\xi\sigma \cdot (qrs - r^2\delta - b\pi\Delta) = \pm pr \cdot \sin.\overline{\mathrm{A} + \beta} \cdot \sqrt{r^2\xi^2\sigma^2 - s^2\xi^2\sigma^2 - \eta^2\nu^2\Psi^2}$. Dans le cas (n° 53) où $c\xi\sigma = \eta\nu\Psi$, l'équation devient $b\pi\Delta + r^2\delta - qrs = \frac{pr\eta\nu\Psi . \cos.\overline{\mathrm{A} + \beta}}{n\xi\sigma}$.

55. *Scholie.* On voit que l'équation n'est que du second degré relativement à s. Donc, si on suppose connues la distance des centres à l'instant de la plus grande phase, et l'inclinaison de la ligne des centres, il est aisé de trouver la latitude. Quand ces trois quantités seront connues, l'angle horaire sera donné (n° 50) par la proportion $c\xi\sigma : \eta\nu\Psi :: r : \sin.\overline{\beta - \mathrm{H}}$. Reste à déterminer λ qui donnera la longitude : pour cet effet je remarque que le triangle rectangle CFK donne $\sigma \cdot \mathrm{KF} = r \cdot \mathrm{KC}$; donc (n° 10) $\sigma\Delta = \lambda\varphi - cg$.

56. *Exemple.* Dans l'éclipse du premier avril 1764, je demande la latitude du lieu pour qui la distance des centres est négative et égale

(n° 5) à sin. 34° 48′ à l'instant de la plus grande phase, et la ligne des centres est perpendiculaire à l'orbite de la lune.

Sol. Par la supposition de $\Psi = 0$ et $\pi = r$, on a $\tau = \frac{r^2}{t}$, et (n° 48), $\beta = 90° - A$, et l'équation devient $n\cdot(qs - r\delta + b\Delta) = \pm pr\cdot\sqrt{r^2 - s^2}$. Donc $s = +\sin. 38° 48' 10''$, et $s = -\sin. 19° 23' 45''$.

57. *Scholie.* La proportion $c\xi\sigma : \eta\nu\Psi :: r : \sin.\overline{\beta - H}$ qui doit fournir l'angle horaire donne $\sin.\overline{\beta - H} = 0$, ou $H = \beta$. Donc $H = 90° - A$, et $H = 270° - A$; donc $H = 81° 17' 30''$, et $H = 261° 17' 30''$; ce qui désigne $5^h\, 25' 10''$ tant du matin que du soir.

Reste à déterminer λ par l'équation $\sigma\Delta = \lambda\varphi - cg$. Le matin on a $\varphi = \sin. 61° 16'$, $\sigma = \cos. 61° 16'$, $\Delta = -\sin. 34° 48'$, $g = -\sin. 81° 17' 30''$, et $c = \cos. 19° 23' 45''$. Donc $\lambda = -\cot. 36° 0' 15''$. Relativement au mouvement horaire, il faut à la lune $2^h\, 43' 47''$ pour décrire λ. Donc, à $5^h\, 25' 10''$ du matin, il lui falloit encore $2^h\, 43' 47''$ pour atteindre le méridien universel; donc, au moment de son passage, le lieu cherché comptoit $8^h\, 8' 57''$ tandis qu'il étoit $11^h\, 12' 5''$ à Paris; donc ce lieu étoit plus occidental que Paris de $3^h\, 3' 8''$, ou de 45° 47′ 0″. Le soir on a $c = \cos. 38° 48' 10''$, et g est positif. Donc $\lambda = \sin. 34° 26' 40''$. Relativement au mouvement horaire, il faut à la lune $1^h\, 7' 19''$ pour décrire λ; donc, à $5^h\, 25' 10''$ du soir, la lune avoit quitté le méridien universel depuis $1^h\, 7' 19''$; donc, au moment de son passage, le lieu cherché comptoit $4^h\, 17' 51''$ du soir, tandis qu'il étoit $11^h\, 12' 5''$ du matin à Paris; donc il étoit plus oriental que Paris de $5^h\, 5' 46''$, ou de 76° 26′ 30″.

58. *Remarque.* Si l'instant de la plus grande phase est aussi l'instant du lever ou du coucher du soleil, on a les relations suivantes. $\frac{\delta\sigma + \lambda\pi}{r} = -\frac{r\eta\Psi}{p\xi}$, et $Arc\ \cos.\frac{rs}{q} = -Arc\cdot\sin.\sigma \mp Arc\cdot\sin.\frac{r\eta\Psi}{p\xi}$, et $Arc.\sin.\pi \pm Arc.\sin.\frac{r\eta\Psi}{p\xi} = \pm Arc.\sin.\frac{\delta\varphi + \pi\Delta}{r}$.

ABRÉGÉ DU MÉMOIRE

SUR LES ÉCLIPSES DE SOLEIL,

Inséré dans l'Encyclopédie d'Yverdun, à l'article CALCUL ASTRONOMIQUE.

1. SOIT r le sinus total, et à la fois la différence des parallaxes horizontales de la lune et du soleil; soit, proportionnellement à cette supposition, δ la différence de leurs déclinaisons, si elles sont de même dénomination, ou la somme, si elles sont de dénomination contraire; λ la distance de la lune au méridien universel, mesurée sur la projection rectiligne de son orbite corrigée; n son mouvement horaire composé; soit encore ξ l'arc de 15°, φ le sinus, ω le cosinus, et t la cotangente de l'angle du méridien universel avec l'orbite corrigée; p le sinus, et q le cosinus de la déclinaison du soleil; s le sinus, et c le cosinus de la latitude du lieu qu'on a en vue; g le sinus, et h le cosinus de son angle horaire; Δ la distance apparente des centres de la lune et du soleil vue de ce lieu.

2. A chaque instant Δ est l'hypoténuse d'un triangle rectiligne rectangle qui a pour côtés $\frac{\lambda\varphi - cg}{r}$ et $\frac{qrs - chp - r\lambda\omega - r^2\delta}{r^2}$.

3. La supposition primitive est pour p, que la déclinaison du soleil, pour δ, que la latitude de la lune, et pour s, que la latitude du lieu soient boréales; pour t et ω, que la lune, en décrivant la projection de son orbite corrigée, s'approche du pôle boréal de l'équateur; pour λ, que la lune ait passé le méridien universel; pour g, que l'heure soit entre midi et minuit; et pour h, entre six heures du matin et six heures du soir. Si quelqu'une de ces suppositions n'a pas lieu, il faut changer le signe des lettres respectives.

4. Si on veut convertir en phase la distance des centres, remarquons que le diametre du soleil est à l'excès de la somme des demi-diametres du soleil et de la lune sur la distance des centres, comme 720′ sont au nombre de minutes de doigts éclipsées.

5. Par exemple, dans l'éclipse du premier avril 1764, cherchons quelle étoit la phase pour Paris à 10h 40′ du matin. Par les tables

astronomiques, on avoit $\lambda = -$ sin. $15^\circ\ 38'\ 20''$, $\delta =$ sin. $57^\circ\ 29'\ 50''$, $\varphi =$ sin. $61^\circ\ 16'$, $\omega =$ cos. $61^\circ\ 16'$, $p =$ sin. $4^\circ\ 49'$, $q =$ cos. $4^\circ\ 49'$; par la supposition, $s =$ sin. $48^\circ\ 50'\ 10''$, $c =$ cos. $48^\circ\ 50'\ 10''$, $g = -$ sin. 20°, et $h =$ cos. 20°. Donc les deux côtés du triangle rectangle sont sin. $0^\circ\ 38'\ 45''$, et $-$ sin. $0^\circ\ 52'\ 18''$; donc l'hypoténuse est sin. $1^\circ\ 5'\ 6''$. Cette distance des centres, convertie en phase (n° 4), donne $11^d\ 8'\ b$.

6. Quand la distance des centres est nulle, la phase est centrale; quand elle est égale à la somme des demi-diametres du soleil et de la lune, l'éclipse commence ou finit; quand elle est un *minimum*, la phase est la plus grande possible.

7. Quand l'hypoténuse est nulle, chacun des côtés est nul aussi *singulatim*. Donc on a $\lambda\varphi - cg = 0$. et $qrs - chp - r\lambda\omega - r^2\delta = 0$. Égalons les deux valeurs de λ, nous trouverons $cgt + chp + \delta r^2 - qrs = 0$.

8. L'instant de la plus grande phase ne peut être déterminé directement; il faut donc calculer la distance des centres pour un instant quelconque voisin de la conjonction, et vérifier si cet instant a le symptôme qui caractérise la plus grande phase. Soit donc $\frac{\lambda\varphi - cg}{\Delta} =$ sin. ζ, si on a $\frac{r^2 n\omega - cgp\xi}{rn\varphi - ch\xi} =$ tang. ζ, l'instant choisi est celui de la plus grande phase.

9. Par exemple, dans l'éclipse du premier avril 1764, on avoit à Paris, à $10^h\ 40'$ du matin, $\frac{\lambda\varphi - cg}{\Delta} =$ sin. $41^\circ\ 26'\ 20''$, et, à cause de $n =$ sin. $30^\circ\ 16'\ 30''$, et $\xi =$ sin. $15^\circ\ 10'\ 37''$, on avoit $\frac{r^2 n\omega - cgp\xi}{rn\varphi - ch\xi} =$ tang. $41^\circ\ 26'\ 20''$. Donc cet instant étoit celui de la plus grande phase.

THÉORIE TRIGONOMÉTRIQUE

DES ÉCLIPSES DE SOLEIL.

1. AVERTISSEMENT. Le principal problème sur les éclipses de soleil est celui de trouver pour un lieu assigné la distance apparente des centres du soleil et de la lune à un instant indiqué : or ce problème peut être résolu par le seul secours de la trigonométrie sphérique.

2. *Définitions.* Soit Z le zénith du lieu pour lequel on calcule, P le pôle de l'équateur, S le lieu du soleil sur l'écliptique, L le lieu vrai, et *l* le lieu apparent de la lune sur le même vertical.

3. *Prob.* A un instant quelconque indiqué, trouver la hauteur du soleil sur l'horizon.

Sol. Dans le triangle sphérique PSZ, qui n'a pas besoin d'être représenté par une figure, nous connoissons, par la supposition, le côté PZ, complément de la hauteur du pôle avec l'angle horaire SPZ, et, par les tables astronomiques, le côté PS, complément de la déclinaison du soleil. Donc la trigonométrie nous donnera le côté SZ, complément de la hauteur du soleil.

4. *Scholie.* Le même triangle PSZ donne l'angle azimutal PZS.

5. *Prob.* A un instant quelconque indiqué, trouver la hauteur vraie de la lune sur l'horizon.

Sol. Dans le triangle sphérique LPZ, nous connoissons, par la supposition, le côté PZ, complément de la hauteur du pôle avec l'angle horaire LPZ, et, par les tables astronomiques, le côté LP, complément de la déclinaison de la lune. Donc la trigonométrie nous donnera le côté LZ, complément de la hauteur vraie de la lune.

6. *Scholie.* Le même triangle LPZ donne l'angle azimutal LZP.

7. *Remarque.* La parallaxe diminue la hauteur de la lune sur l'horizon sans altérer son azimut; le lieu vrai et le lieu apparent de la lune sont sur le même vertical. Pour convertir la hauteur vraie de la lune sur l'horizon en hauteur apparente, il faut en retrancher la parallaxe de hauteur : on trouvera les parallaxes de hauteur toutes calculées dans les tables ci-jointes.

8. *Prob.* A un instant quelconque indiqué, trouver la distance apparente des centres du soleil et de la lune.

Sol. Dans le triangle sphérique *l*SZ, nous connoissons le côté SZ, complément de la hauteur du soleil sur l'horizon; le côté *l*Z, complément de la hauteur apparente de la lune, et l'angle *l*ZS compris, différence des angles azimutaux PZS et *l*ZP, ou PZS et LZP. Donc la trigonométrie nous donnera le troisieme côté *l*S, distance apparente des centres du soleil et de la lune.

9. *Remarque.* Il suffit de calculer quelques unes de ces distances pour trouver les autres par la méthode des interpolations, et même pour en déterminer le *maximum*.

TABLE

DES PARALLAXES DE HAUTEUR.

1. AVERTISSEMENT. Lorsque la hauteur apparente de la lune, ou d'un astre quelconque sur l'horizon, est donnée par l'observation, il faut lui ajouter la parallaxe de hauteur pour avoir la hauteur vraie, et ces parallaxes ont été réduites en tables : mais quand il s'agit de calculer une éclipse de soleil par la trigonométrie, c'est la hauteur vraie de la lune qui est donnée par les tables astronomiques; d'où il faut soustraire la parallaxe de hauteur pour avoir la hauteur apparente. Pour trouver ces parallaxes de hauteur, il faut construire des tables différentes, parceque, à égal nombre de degrés, la hauteur vraie et la hauteur apparente n'ont pas la même parallaxe de hauteur. En effet, soit r le sinus total, π la parallaxe horizontale de la lune, δ sa parallaxe de hauteur, et h sa hauteur apparente sur l'horizon; la parallaxe de hauteur sera donnée par la proportion $r : \sin.\pi :: \cos.h : \sin.\delta$. Mais si c'est la hauteur vraie qui est connue, je nomme H cette hauteur, et la parallaxe de hauteur m'est donnée par la proportion $\text{cosé}c.\pi - \sin.H : \cos.H :: r : \text{tang}.\delta$.

2. *Corollaire.* Si on veut comparer la hauteur vraie et la hauteur apparente, on a la proportion $\sin.H - \sin.\pi : \cos.H :: r : \cot.h$.

3. *Remarque.* Si j'examine ces trois proportions, je reconnois que chacune des trois est une équation à l'ellipse; d'où je conclus que leur construction géométrique est donnée par la proposition suivante.

4. *Théorême.* Concevons une ellipse dont le foyer soit pris pour origine des co-ordonnées; prenons le demi-grand axe pour sinus total, et la demi-excentricité pour le sinus de la parallaxe horizontale d'un astre : si, à chaque point de l'ellipse, l'angle du rayon vecteur avec le grand axe est considéré comme le complément de la hauteur vraie de cet astre sur l'horizon, je dis que l'angle de la tangente avec le grand axe sera égal à la hauteur apparente, et que l'angle de la tangente avec le rayon vecteur sera égal au complément de la parallaxe de hauteur.

FIN.

ERRATA.

Pag. 14, n° 75, au lieu de $h\sqrt{dx^2 + dy^2}$, lisez $hr\sqrt{dx^2 + dy^2}$.
16, n° 97, au lieu de $\int.\sin. n.x^{-2}dx$, lisez $\int.f.\sin. n.x^{-2}dx$.
27, n° 209, au lieu de $\frac{\text{diff.cot.}m}{\text{cot.}m - \text{cot.}z}$, lisez $\frac{\text{diff.cot.}z}{\text{cot.}m - \text{cot.}z}$.
45, n° 87, au lieu de *hkmu*..... 310, lisez *hkmu*..... 311.
47, n° 39, au lieu de *hkt*..... 385, lisez *hkt*..... 285.
55, n° 27, au lieu de $b^2. \cos. m$, lisez $b^2. \cos.^2. m$.
70, n° 15, au lieu de $\delta = \sin. 57°27'50''$, lisez $\delta = \sin. 57°29'50''$.
80, n° 50, au lieu de $hr - gp\tau$, lisez $hr^2 - gp\tau$.

TABLE

TABLE de la parallaxe de la lune à divers degrés de hauteur sur l'horizon.

Hauteur vraie.	PARALLAXE HORIZONTALE DE LA LUNE.													
	54′ 0″		54′ 20″		54′ 40″		55′ 0″		55′ 20″		55′ 40″		56′ 0″	
deg.	m.	s.	m.	s.	m.	s.	m.	s.	m.	s.	m.	s.	m.	s.
0	54	0	54	20	54	40	55	0	55	20	55	40	56	0
3	53	58	54	18	54	38	53	58	55	18	55	38	55	58
6	53	47	54	7	54	27	54	47	55	7	55	27	55	47
9	53	28	53	47	54	7	54	27	54	47	55	7	55	27
12	52	59	53	19	53	38	53	58	54	18	54	38	54	57
15	52	22	52	41	53	1	53	20	53	39	53	59	54	19
18	51	36	51	55	52	14	52	34	52	53	53	12	53	31
21	50	42	51	0	51	19	51	38	51	57	52	16	52	35
24	49	39	49	57	50	16	50	34	50	52	51	11	51	30
25	49	16	49	34	49	52	50	11	50	29	50	47	51	6
26	48	52	49	10	49	28	49	46	50	5	50	23	50	41
27	48	27	48	45	49	3	49	21	49	39	49	57	50	16
28	48	2	48	20	48	37	48	55	49	13	49	31	49	49
29	47	35	47	53	48	11	48	28	48	46	49	4	49	22
30	47	8	47	25	47	43	48	1	48	18	48	36	48	53
31	46	39	46	57	47	14	47	32	47	49	48	7	48	24
32	46	10	46	28	46	45	47	2	47	19	47	56	47	54
33	45	40	45	57	46	14	46	31	46	49	47	6	47	23
34	45	9	45	26	45	43	46	0	46	17	46	34	46	51
35	44	38	44	54	45	11	45	28	45	45	46	1	46	18
36	44	5	44	22	44	38	44	55	45	11	45	28	45	44
37	43	32	43	48	44	4	44	21	44	37	44	53	45	10
38	42	58	43	14	43	30	43	46	44	2	44	18	44	34
39	42	23	42	39	42	54	43	10	43	26	43	42	43	58
40	41	47	42	2	42	18	42	34	42	49	43	5	43	21
41	41	10	41	26	41	41	41	57	42	12	42	27	42	43
42	40	33	40	48	41	3	41	19	41	34	41	49	42	4
43	39	55	40	10	40	25	40	40	40	55	41	10	41	25
44	39	16	39	31	39	45	40	0	40	15	40	30	40	44
45	38	36	38	51	39	5	39	20	39	34	39	49	40	3
46	37	56	38	10	38	25	38	39	38	53	39	7	39	21
47	37	15	37	29	37	43	37	57	38	11	38	25	38	39
48	36	33	36	47	37	1	37	14	37	28	37	42	37	55
49	35	51	36	4	36	18	36	31	36	45	36	58	37	12
50	35	8	35	21	35	34	35	47	36	0	36	14	36	27
51	34	24	34	37	34	50	35	3	35	15	35	29	35	41
52	33	39	33	52	34	5	34	17	34	30	34	43	34	55
53	32	54	33	7	33	19	33	31	33	44	33	56	34	8
54	32	9	32	21	32	33	32	45	32	57	33	9	33	21
55	31	22	31	34	31	46	31	58	32	9	32	21	32	33
56	30	35	30	47	30	58	31	10	31	21	31	33	31	44
57	29	48	29	59	30	10	30	22	30	33	30	44	30	55
58	29	0	29	11	29	22	29	33	29	43	29	54	30	5
59	28	11	28	22	28	32	28	43	28	54	29	4	29	15
60	27	22	27	32	27	43	27	53	28	3	28	14	28	24
61	26	32	26	42	26	52	27	2	27	12	27	22	27	32
62	25	42	25	52	26	2	26	11	26	21	26	31	26	40
63	24	52	25	1	25	10	25	20	25	29	25	38	25	48
64	24	1	24	10	24	19	24	28	24	37	24	46	24	55
65	23	9	23	18	23	26	23	35	23	44	23	52	24	1
66	22	17	22	25	22	34	22	42	22	50	22	59	23	7
67	21	24	21	32	21	40	21	48	21	57	22	5	22	13
68	20	31	20	39	20	47	20	55	21	2	21	10	21	18
69	19	38	19	46	19	53	20	0	20	8	20	15	20	23
70	18	45	18	51	18	59	19	6	19	13	19	20	19	27
73	16	2	16	8	16	14	16	20	16	26	16	32	16	38
76	13	16	13	21	13	26	13	31	13	36	13	41	13	46
79	10	28	10	32	10	36	10	40	10	44	10	47	10	51
82	7	38	7	41	7	44	7	47	7	49	7	52	7	55

Suite de la table de la parallaxe de la lune à divers deg. de hauteur sur l'horizon.

Hauteur vraie.	PARALLAXE HORIZONTALE DE LA LUNE.													
	56′ 20″		56′ 40″		57′ 0″		57′ 20″		57′ 40″		58′ 0″		58′ 20″	
deg.	m.	s.	m.	s.	m.	s.	m.	s.	m.	s.	m.	s.	m.	s.
1	56	20	56	40	57	0	57	20	57	40	58	0	58	20
3	56	18	56	38	56	58	57	18	57	38	57	58	58	18
6	56	7	56	27	56	47	57	7	57	27	57	47	58	6
9	55	46	56	6	56	26	56	46	57	6	57	26	57	45
12	55	17	55	37	55	56	56	16	56	36	56	55	57	15
15	54	38	54	58	55	17	55	37	55	56	56	16	56	35
18	53	50	54	10	54	29	54	48	55	7	55	27	55	46
21	52	54	53	13	53	31	53	50	54	9	54	28	54	47
24	51	48	52	7	52	25	52	44	53	2	53	21	53	39
25	51	24	51	43	52	1	52	19	52	38	52	56	53	15
26	50	59	51	18	51	36	51	54	52	12	52	31	52	49
27	50	34	50	52	51	10	51	28	51	46	52	4	52	22
28	50	7	50	25	50	43	51	1	51	19	51	37	51	55
29	49	39	49	57	50	15	50	33	50	51	51	8	51	26
30	49	11	49	29	49	46	50	4	50	21	50	39	50	57
31	48	41	48	59	49	16	49	34	49	51	50	9	50	26
32	48	11	48	28	48	46	49	3	49	20	49	37	49	55
33	47	40	47	57	48	14	48	31	48	48	49	5	49	22
34	47	8	47	25	47	41	47	58	48	15	48	32	48	49
35	46	35	46	52	47	8	47	25	47	41	47	58	48	15
36	46	1	46	17	46	34	46	50	47	7	47	23	47	40
37	45	25	45	42	45	58	46	15	46	31	46	47	47	4
38	44	50	45	6	45	22	45	38	45	55	46	11	46	27
39	44	14	44	30	44	45	45	1	45	17	45	33	45	49
40	43	36	43	52	44	8	44	23	44	39	44	55	45	10
41	42	58	43	14	43	29	43	45	44	0	44	15	44	31
42	42	19	42	35	42	50	43	5	43	20	43	35	43	51
43	41	40	41	55	42	9	42	24	42	39	42	54	43	9
44	40	59	41	14	41	28	41	43	41	58	42	13	42	27
45	40	18	40	32	40	47	41	1	41	16	41	30	41	45
46	39	36	39	50	40	4	40	18	40	33	40	47	41	1
47	38	53	39	7	39	21	39	35	39	49	40	3	40	17
48	38	9	38	23	38	37	38	50	39	4	39	18	39	32
49	37	25	37	38	37	52	38	5	38	19	38	32	38	46
50	36	40	36	53	37	6	37	20	37	33	37	46	37	59
51	35	54	36	7	36	20	36	33	36	46	36	59	37	12
52	35	8	35	21	35	33	35	46	35	58	36	11	36	24
53	34	21	34	33	34	46	34	58	35	10	35	23	35	35
54	33	33	33	45	33	57	34	9	34	21	34	34	34	46
55	32	45	32	57	33	8	33	20	33	32	33	44	33	56
56	31	56	32	7	32	19	32	30	32	42	32	53	33	5
57	31	6	31	17	31	29	31	40	31	51	32	2	32	14
58	30	16	30	27	30	38	30	49	31	0	31	11	31	22
59	29	25	29	36	29	47	29	57	30	8	30	18	30	29
60	28	34	28	44	28	55	29	5	29	15	29	26	29	36
61	27	42	27	52	28	2	28	12	28	22	28	32	28	42
62	26	50	27	0	27	9	27	19	27	29	27	38	27	48
63	25	57	26	6	26	16	26	25	26	34	26	44	26	53
64	25	4	25	13	25	22	25	31	25	40	25	49	25	58
65	24	10	24	19	24	27	24	36	24	45	24	53	25	2
66	23	15	23	24	23	32	23	41	23	49	23	57	24	6
67	22	21	22	29	22	37	22	45	22	53	23	1	23	9
68	21	25	21	33	21	41	21	49	21	56	22	4	22	12
69	20	30	20	37	20	45	20	52	21	0	21	7	21	14
70	19	34	19	41	19	48	19	55	20	2	20	9	20	16
73	16	44	16	50	16	56	17	2	17	8	17	14	17	20
76	13	51	13	56	14	1	14	6	14	11	14	16	14	21
79	10	55	10	59	11	3	11	7	11	11	11	15	11	19
82	7	58	8	1	8	4	8	7	8	10	8	13	8	15

Suite de la table de la parallaxe de la lune à divers deg. de hauteur sur l'horizon.

Hauteur vraie.	PARALLAXE HORIZONTALE DE LA LUNE.													
	58′ 40″		59′ 0″		59′ 20″		59′ 40″		60′ 0″		60′ 20″		60′ 40″	
deg.	m.	s.	m.	s.	m.	s.	m.	s.	m.	s.	m.	s.	m.	s.
1	58	40	59	0	59	20	59	40	60	0	60	20	60	40
3	58	38	58	58	59	18	59	38	59	58	60	18	60	38
6	58	26	58	46	59	6	59	26	59	46	60	6	60	26
9	58	5	58	25	58	45	59	5	59	25	59	45	60	5
12	57	35	57	54	58	14	58	34	58	54	59	13	59	33
15	56	55	57	14	57	34	57	53	58	13	58	32	58	52
18	56	5	56	24	56	43	57	3	57	22	57	41	58	0
21	55	6	55	25	55	44	56	3	56	22	56	46	57	0
24	53	58	54	16	54	35	54	53	55	12	55	30	55	49
25	53	33	53	51	54	10	54	28	54	46	55	5	55	23
26	53	7	53	25	53	44	54	2	54	20	54	38	54	57
27	52	40	52	58	53	17	53	35	53	53	54	11	54	29
28	52	13	52	31	52	49	53	6	53	24	53	42	54	0
29	51	44	52	2	52	20	52	37	52	55	53	13	53	31
30	51	14	51	52	51	49	52	7	52	25	52	42	53	0
31	50	43	51	1	51	18	51	36	51	53	52	11	52	28
32	50	12	50	29	50	46	51	4	51	21	51	38	51	56
33	49	39	49	56	50	14	50	31	50	48	51	5	51	22
34	49	6	49	23	49	40	49	57	50	14	50	30	50	47
35	48	31	48	48	49	5	49	22	49	38	49	55	50	12
36	47	56	48	13	48	29	48	46	49	2	49	19	49	35
37	47	20	47	36	47	53	48	9	48	25	48	41	48	58
38	46	43	46	59	47	15	47	31	47	47	48	3	48	19
39	46	5	46	21	46	37	46	53	47	8	47	24	47	40
40	45	26	45	42	45	57	46	13	46	29	46	44	47	0
41	44	46	45	2	45	17	45	33	45	48	46	3	46	19
42	44	6	44	21	44	36	44	51	45	7	45	22	45	37
43	43	24	43	39	43	54	44	9	44	24	44	39	44	54
4	42	42	42	57	43	12	43	26	43	41	43	56	44	11
45	41	59	42	14	42	28	42	43	42	57	43	11	43	26
46	41	15	41	30	41	44	41	58	42	12	42	26	42	41
47	40	31	40	45	40	59	41	13	41	27	41	41	41	55
48	39	45	39	59	40	13	40	27	40	40	40	54	41	8
49	38	59	39	13	39	26	39	40	39	53	40	6	40	20
50	38	12	38	26	38	39	38	52	39	5	39	18	39	32
51	37	25	37	38	37	50	38	4	38	16	38	29	38	42
52	36	36	36	49	37	2	37	14	37	27	37	40	37	52
53	35	47	36	0	36	12	36	25	36	37	36	49	37	2
54	34	58	35	10	35	22	35	34	35	46	35	58	36	10
55	34	7	34	19	34	31	34	43	34	55	35	6	35	18
56	33	16	33	28	33	39	33	51	34	2	34	14	34	25
57	32	25	32	36	32	47	32	58	33	10	33	21	33	32
58	31	32	31	43	31	54	32	5	32	16	32	27	32	38
59	30	40	30	50	31	1	31	12	31	22	31	33	31	43
60	29	46	29	56	30	7	30	17	30	27	30	38	30	48
61	28	52	29	2	29	12	29	22	29	32	29	42	29	52
62	27	58	28	7	28	17	28	27	28	36	28	46	28	56
63	27	2	27	12	27	21	27	31	27	40	27	49	27	59
64	26	7	26	16	26	25	26	34	26	43	26	52	27	1
65	25	11	25	20	25	28	25	37	25	46	25	55	26	3
66	24	14	24	23	24	31	24	39	24	48	24	56	25	5
67	23	17	23	25	23	33	23	41	23	49	23	57	24	6
68	22	20	22	27	22	35	22	43	22	51	22	58	23	6
69	21	22	21	29	21	36	21	44	21	51	21	59	22	6
70	20	23	20	30	20	38	20	45	20	52	20	59	21	6
73	17	26	17	32	17	38	17	44	17	50	17	56	18	2
76	14	26	14	31	14	36	14	41	14	46	14	51	14	56
79	11	23	11	27	11	31	11	35	11	39	11	43	11	47
82	8	18	8	21	8	24	8	27	8	30	8	33	8	36

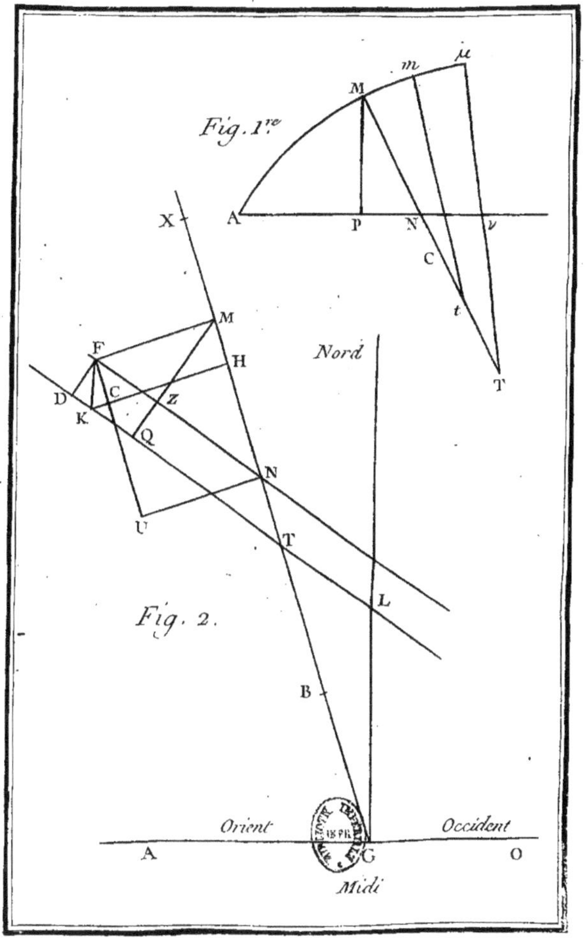

Fig. 1.re
M
m
μ
A
P
N
ν
C
t
T
Fig. 2.
X
M
F
H
D
C
z
K
Q
N
U
T
L
B
Nord
Orient
Occident
A
G
O
Midi

SECOND MÉMOIRE

SUR

LES ÉCLIPSES DE SOLEIL.

AVERTISSEMENT.

Le citoyen du Séjour a épuisé la théorie des éclipses de soleil, et même on peut assurer qu'il a excédé les bornes de la curiosité : toutes ses méthodes ont poussé l'exactitude jusqu'au scrupule ; elles ont atteint la perfection. Mais les lecteurs ne desirent pas tous d'épuiser cette matière : les méthodes graphiques et trigonométriques sont connues depuis long-temps ; plusieurs lecteurs desirent de connoître les méthodes analytiques, mais pour les principaux problêmes seulement. J'ai déjà publié deux Mémoires sur cette matière, l'un en 1778, et l'autre en 1788, conjointement avec un Traité des propriétés communes à toutes les courbes : cependant j'ai cru devoir recommencer une troisième fois, sous un autre point de vue. J'ai remarqué que pour résoudre un problême astronomique, il ne suffit pas de déterminer la relation entre les quantités qu'on a besoin de comparer ; il faut examiner si l'équation est soluble, et si la solution est facile et praticable. J'ai donc choisi les problêmes qui réunissent ces conditions, et j'ai supprimé les autres.

Pour parvenir à mon but, j'ai tiré un grand parti de la hauteur du soleil sur l'horizon et de son angle parallactique : ce sont deux variables dont le citoyen du Séjour n'a fait aucun usage. Ces variables ont simplifié singulièrement la solution des problêmes et la démonstration des solutions : mais leur usage le plus essentiel a été de simplifier particulièrement la solution du problême le plus intéressant et le plus difficile sur les éclipses de soleil, celui où on suppose connue la quotité de la plus grande phase, et où on demande pour quels points de la terre elle a lieu. Si on prend pour la quantité inconnue une partie quelconque du triangle sphérique qui passe par le soleil par le pole boréal de l'équateur et par le zénith du lieu qu'on a en vue; l'équation, quoique du second degré seulement, est très-compliquée, et la solution en est très-pénible. J'ai imaginé de prendre pour la quantité inconnue un angle fictif et purement analytique : la quotité de cet angle, à l'instant de la plus grande phase, est liée par une proportion avec les quantités connues par les conditions du problême. Quand cette relation a dévoilé l'angle fictif, il donne à son tour, par une proportion bien simple, l'angle parallactique du soleil, et par une autre proportion pareille, la hauteur du soleil sur l'horizon. Pour rendre cette méthode familière, et mettre sa simplicité en évidence, j'ai multiplié les exemples.

Ce problême, où on suppose connue la quotité de la plus grande phase, et que je résous au n°. 56, est tellement le but de mon travail, que j'aurois pû l'annoncer comme le seul sujet de mon Mémoire : mais il falloit qu'il fût précédé de toutes les propositions dont j'avois besoin pour démontrer la solution; et ces propositions n'étoient pas de simples lemmes géométriques : ce sont d'autres problêmes sur les éclipses de soleil, dont la réunion forme un traité abrégé. Je desire que cette nouvelle solution d'un problême curieux attire l'attention des Astronomes.

SECOND MÉMOIRE

SUR

LES ÉCLIPSES DE SOLEIL.

CHAPITRE PREMIER.

NOTIONS PRÉLIMINAIRES.

1. Pour déterminer les circonstances d'une éclipse de soleil, on imagine au centre du soleil un observateur qui regarde la lune, s'avançant sur son orbite, tandis que la terre fait sa révolution diurne; et lorsque l'interposition de la lune lui cache un point de la surface de la terre, ce point éprouve une éclipse de soleil. Or, à cause de l'éloignement du soleil, l'hémisphère éclairé de la terre ne paroît au spectateur que comme un plan, et chacun des points de la surface, au lieu de décrire un cercle, lui paroît s'avancer sur l'ellipse, qui en est la projection. Par la même raison le mouvement de la lune lui paroît se faire dans ce même plan sur la ligne, qui est la projection de sa véritable orbite, projection qu'on regarde comme une droite, à cause du peu de durée de l'éclipse.

2. Pour calculer ces constructions sur un plan quelconque qui me représente l'horizon absolu, c'est-à-dire, le plan qui est perpendiculaire à l'écliptique et qui sépare l'hémisphère obscur de la terre de l'hémisphère éclairé, je trace une droite AO que je regarde comme l'intersection de ce plan avec l'écliptique. Sur cette droite, je prends un point G que je regarde comme le lieu du centre de la terre pendant la durée de l'éclipse. Par ce point G je tire une droite GX qui fasse avec la droite AO un angle dont le sinus soit au rayon, comme le cosinus de l'obliquité de l'écliptique sur l'équateur, est au cosinus de la déclinaison du soleil, et qui conséquemment représente (trig. sph.) l'intersection du méridien universel avec le plan de projection. Sur cette droite, je prends une partie GX égale au rayon de la terre, ou à la différence des parallaxes horizontales de la lune et du soleil.

Par le point G j'élève à la droite AO une perpendiculaire GL qui représente l'intersection du plan de projection avec le cercle de latitude, et sur cette droite je prends une partie GL égale à la latitude de la lune au moment de la conjonction. Par le point L, je tire une droite LT coupant le méridien universel en un point T qui représente la projection de l'orbite du centre de la lune, et qui fasse conséquemment (trig. sph.) avec le cercle de latitude GL un angle dont le sinus soit au rayon, comme le cosinus de l'angle de l'écliptique avec l'orbite de la lune est au cosinus de sa latitude. Ces deux angles AGX et GLT doivent être corrigés par quelques attentions indiquées dans les tables astronomiques, à cause de la variation de la lune en latitude et en longitude pendant la durée de l'éclipse. Enfin, sur le même horizon absolu, je trace ou je conçois tracée la projection du parallèle pour lequel je veux calculer : cette projection représente la route de chaque point du parallèle pendant la durée de l'éclipse, tandis que la projection du centre de la lune s'avance sur la droite LT.

3. Dans l'éclipse du 1er. avril 1764, d'où je tirerai les exemples, le passage du centre de la lune par le méridien universel est à $11^h\ 12'\ 5''$ du matin, temps vrai à Paris; l'inclinaison corrigée du méridien universel, sur la projection de l'orbite apparente du centre de la lune, de $61^\circ\ 16'$; la déclinaison du soleil de $4^\circ\ 49'$ boréale croissante.

4. De même que la différence des parallaxes horizontales de la lune et du soleil a été prise pour le rayon de la terre, je regarde la latitude de la lune, et toute autre ligne dont j'ai besoin, comme sinus ou tangente d'arc dans le même cercle, et je leur assigne pour valeurs numériques celles qui sont calculées dans les tables de sinus et de tangentes.

5. Dans l'éclipse du 1er. avril 1764, la partie GT du méridien universel a pour expression analytique sin. $57^\circ\ 29'\ 50''$; le mouvement horaire, composé de la lune, sur la projection de son orbite sin. $30^\circ\ 16'\ 30''$, le diamètre du soleil sin. $36^\circ\ 26'\ 30''$, et la somme des demi-diamètres du soleil et de la lune sin. $34^\circ\ 48'\ 0''$.

6. A chaque instant la distance de la projection du centre de la lune, à la projection du point de la terre qu'on a en vue, désigne la quotité de la phase : le diamètre du soleil est à l'excès de la somme des demi-diamètres du soleil et de la lune sur cette distance, comme $720'$ sont au nombre de minutes de doigt éclipsées. La phase est australe ou boréale, suivant que la projection du point de la terre est plus proche ou plus éloignée du pole boréal de l'équateur, que la projection de l'orbite de la lune.

7. Soit F la projection du point qu'on a en vue, K la projection actuelle du centre de la lune, FM une perpendiculaire au méridien

universel GX : tirons une droite FN, parallèlement à l'orbite de la lune qui coupe le méridien universel en un point N ; du point K abaissons sur le méridien universel une perpendiculaire qui le coupe en un point H, et par le point F menons une droite FU égale et parallèle à MN ; soit C l'intersection des lignes FU et KH, et R l'intersection des lignes FU et KT ; du même point F abaissons sur l'orbite de la lune une perpendiculaire qui la coupe en un point D, et du point M une autre perpendiculaire qui la coupe en un point Q, et la parallèle FN en un point Z ; du point G, centre de la terre, menons les lignes GF et GK aux extrémités F et K de la distance des centres FK ; soit P l'intersection des lignes FG et LT ; du même point G abaissons sur l'orbite de la lune LT une perpendiculaire qui la coupe en un point I et sa parallèle FN en un point Y.

8. Soit a l'angle constant FRK du méridien universel avec l'orbite de la lune, u l'angle KFR du méridien universel avec la ligne des centres, z l'angle FKR de la ligne des centres avec l'orbite de la lune, f l'angle FGM ou GFU de la ligne FG avec le méridien universel, c'est-à-dire, l'angle parallactique du soleil, ou l'angle de son vertical avec le cercle horaire, ϵ l'angle GFN de la ligne FG avec l'orbite de la lune, ζ l'angle KGT de la ligne GK avec le méridien universel, ou l'angle parallactique de la lune, γ l'angle GKT de la ligne GK avec l'orbite de la lune, g la déclinaison du soleil constante pendant l'éclipse, h son angle horaire, p sa hauteur sur l'horison, q la hauteur de la lune, l la latitude du lieu qu'on en a vue, t l'angle horaire du soleil particulier et constant, à l'instant où la lune passe par le méridien universel, angle qui désigne la longitude du lieu : on aura $GFK = u + f$, $FKG = z + \gamma$, $FGK = \epsilon - \gamma$.

Soit aussi r le sinus total, et à-la-fois le rayon GX de la terre, ξ l'arc de 15° rectifié, μ le mouvement horaire composé de la lune, δ la partie GT du méridien universel, λ la distance KT du centre de la lune à son passage par le méridien universel, Δ la distance des centres FK ; on aura $FG = \cos. p$, $GK = \cos. q$.

9. J'introduis deux angles analytiques ϕ et σ, tels que $r. \sin. \phi = \sin. \epsilon . \cos. p$, et que $r. \operatorname{tang}. \sigma = \cos. \epsilon . \cot. p$; ce qui donne $r. \operatorname{tang}. \phi = \sin. \sigma . \operatorname{tang}. \epsilon$ et $r. \sin. p = \cos. \sigma . \cos. \phi$. On a aussi $\sin. p . \operatorname{tang}. \epsilon = \sin. \phi . \cot. \sigma$ et $\cos. p . \cos. \epsilon = \sin. \sigma . \cos. \phi$.

10. Quand Δ égale la somme des demi-diamètres du soleil et de la lune, l'éclipse commence ou finit ; quand Δ est parvenu au *minimum*, la phase est la plus grande possible ; quand $\Delta = 0$, la phase est centrale.

La supposition que je prends pour primitive, est, pour Δ que la phase soit australe, pour λ que la lune ait passé le méridien universel, pour δ que la latitude de la lune, pour l'arc g que la déclinaison du soleil, et pour l'arc l que la latitude du lieu soient boréales, pour l'arc p que le soleil, et pour l'arc q que la lune soit sur l'horizon.

La supposition primitive est pour l'angle a, que la projection du centre de la lune, en décrivant la projection de l'orbite, s'approche du pole boréal de l'équateur; pour les angles z et ζ que le point K, lieu actuel de la projection du centre de la lune, soit plus oriental que le point D, extrémité de la perpendiculaire FD; pour les angles f et h qu'ils soient comptés continuement depuis midi jusqu'au midi du lendemain.

11. Chaque angle croît progressivement depuis 0° jusqu'à 360°, en passant successivement par tous les degrés intermédiaires. Depuis 0° jusqu'à 90° inclusivement; le sinus et le cosinus sont positifs, depuis 90° jusqu'à 180°; le sinus est positif et le cosinus est négatif, depuis 180° jusqu'à 270°; le sinus et le cosinus sont négatifs, depuis 270° jusqu'à 360°: le sinus est négatif et le cosinus est positif.

Donc pour connoître la valeur d'un angle, il faut savoir le signe du sinus et le signe du cosinus: si les conditions du problême ne déterminent que l'un des deux signes, l'angle a deux valeurs qui toutes deux satisfont à la question, et ces deux valeurs sont supplément l'une de l'autre.

12. Pour les arcs g, l, p et q, le cosinus est toujours positif; mais le sinus est positif, si on est dans la supposition primitive et négatif, si on est dans la supposition contraire: pour les angles la quotité des degrés règle les signes des sinus et des cosinus.

13. Toute équation est soluble relativement à un angle, quand elle ne contient que le sinus et le cosinus de cet angle, élevés chacun au premier degré, et sans être multipliés l'un par l'autre.

14. Les relations trigonométriques entre f, g, h, l et p, sont:

1°. $r^2 . \sin. l = r . \sin. g . \sin. p + \cos. f . \cos. g . \cos. p$;

2°. $r^2 . \sin. p = r . \sin. g . \sin. l + \cos. g . \cos. h . \cos. l$;

3°. $\text{Cos}. g . \text{tang}. l = \sin. g . \cos. h + \sin. h . \cot. f$;

4°. $\text{Cos}. g . \text{tang}. p = \sin. g . \cos. f + \sin. f . \cot. h$;

5°. $\text{Sin}. f . \cos. p = \sin. h . \cos. l$.

J'égale les deux valeurs de $\sin. p$, données par les deux premières équations, et j'ai

6°. $r . \sin. l . \cos. g = r . \cos. f . \cos. p + \sin. g . \cos. h . \cos. l$.

J'égale les deux valeurs de $\sin. l$, et j'ai

7°. $r . \text{Sin}. p . \cos. g = r . \cos. h . \cos. l + \sin. g . \cos. f . \cos. p$.

15. Quand on dresse un dispositif, la loi de continuité avertit si un angle f ou h est aigu ou obtus; mais quand il s'agit d'un exemple isolé, la prudence exige (n° 11) qu'on détermine séparément $\sin. f$ ou $\sin. h$, par la cinquième équation du n°. 14, et $\cos. f$ ou $\cos. h$ par la sixième ou par la septième.

16. *Prob.* Déterminer la relation entre les angles a, u et z.

Sol. Ces trois angles appartiennent au même triangle FKR, donc $a + u + z = 180°$.

17. *Prob.* Déterminer la relation entre les angles a, f et ϵ.

Sol. L'angle FNM est extérieur au triangle FGN, donc $a = f + \epsilon$.

18. *Prob.* Déterminer la relation entre les angles a, γ et ζ.

Sol. L'angle HTK est extérieur au triangle GKT, donc $a = \gamma + \zeta$.

19. *Coroll.* Donc $f + \epsilon = \gamma + \zeta$ ou $\zeta - f = \epsilon - \gamma$, donc (nº 8) l'angle $FGK = \zeta - f$.

20. *Scholie.* Il faut augmenter l'angle a de 360°, quand cela est nécessaire, pour satisfaire aux équations $f = a - \epsilon$, et $\zeta = a - \gamma$.

21. *Théorème.* Les six parties du triangle GKT, sont $GT = \delta$, $KT = \lambda$, $GK = \cos. q$, $GTK = 180° - a$. $KGT = \zeta$, $GKT = \gamma$.

22. *Coroll.* Donc les quatre variables q, γ, ζ, λ sont fonctions l'une de l'autre, et peuvent être employées indifféremment pour désigner la longitude du lieu.

23. *Théorème.* Les six parties du triangle FGK sont $FK = \Delta$, $FG = \cos. p$. $GK = \cos. q$. $GKF = z + \gamma$, $GFK = u + f$. $FGK = \epsilon - \gamma$, ou (nº 19) $FGK = \zeta - f$.

Ce triangle a été donné par *Volf*, *t.* 3, *p.* 564, nº 1099.

24. *Coroll.* Donc de ces six parties, trois étant connues, déterminent une quatrième, pourvu qu'on ne donne pas à-la-fois les trois angles.

25. *Prob.* Déterminer la relation entre h et λ.

Sol. On a $\xi : n :: h - t : \lambda$, donc $\lambda = \frac{n}{\xi}(h - t)$.

26. *Théorème.* Etant donnée une relation entre x, y, et d'autres quantités, la solution du problême est la même, soit que je suppose x constante, et que je cherche le *maximum* ou le *mimimum* de y, soit que je suppose y constant, et que je cherche le *maximum* ou le *minimum* de x, parce que dans les deux cas j'ai également, et à-la-fois $dx = 0$ et $dy = 0$.

CHAPITRE II.

De la relation entre les cinq variables, f, p, u, Λ, Δ, *à un instant quelconque pendant la durée de l'éclipse.*

27. *Prob.* Déterminer la relation entre f, p, u, Λ et Δ.

Sol. Le triangle CFK donne $r.\ KC = \Delta.\ \sin.\ u$. le triangle HKT donne $r.\ KH = \Lambda.\ \sin.\ a$. le triangle FGM donne $r.\ FM = \sin.\ f.\ \cos.\ p$; donc

1°. $\Delta.\ \sin.\ u = \Lambda.\sin.\ a - \sin.\ f.\cos.\ p$.

Le triangle CFK donne $r.\ CF = r.\ HM = \Delta.\ \cos.\ u$, le triangle HKT donne $r.\ HT = \Lambda.\ \cos.\ a$, le triangle FGM donne $r.\ GM = \cos.\ f.\ \cos.\ p$; donc

2°. $\Delta.\cos.\ u = \cos.\ f.\ \cos.\ p - \Lambda.\ \cos.\ a - r\delta$.

Le triangle DFK donne $r.\ DK = \Delta.\cos.\ z$, le triangle GIT donne $r.\ IT = \delta.\cos.\ a$, le triangle FGY donne $r.\ FY = \cos.\ p.\ \cos.\ \varepsilon$; donc

3°. $\Delta.\cos.\ z = r\Lambda + \delta.\cos.\ a - \cos.\ p.\cos.\ \varepsilon$.

28. *Prob.* Déterminer la relation entre les mêmes variables, en excluant Λ.

Sol. Le triangle FKP donne $FP.\ \sin.\ \varepsilon = \Delta.\ \sin.\ z$, le triangle GPT donne $GP.\sin.\ \varepsilon = \delta.\ \sin.\ a$; donc $\Delta.\ \sin.\ z = \sin.\ \varepsilon.\cos.\ p - \delta.\ \sin.\ a$.

29. *Scholie.* Puisque (n° 9) $r.\ \sin.\ \varphi = \sin.\ \varepsilon.\cos.\ p$, on peut dire également que $r.\sin.\ \varphi = \delta.\ \sin.\ a + \Delta.\sin.\ z$; donc φ doit être traité comme constant, lorsque z et Δ sont constans à-la-fois, ou lorsque (n° 26) l'un étant constant, on cherche le *maximum* ou le *minimum* de l'autre.

30. *Exemple.* Dans l'éclipse du 1er. avril 1764, je suppose que pour un lieu inconnu, et à un instant inconnu, la hauteur du soleil sur l'horizon soit de 17° 23′ 40″, que la phase actuelle soit de 5 doigts 51′ b, et que la ligne des centres soit perpendiculaire à l'orbite de la lune, et je demande la latitude et la longitude de ce lieu.

Sol. Les conditions du problême donnent $p = 17° 23' 40''$, $z = 90°$, et (n° 6) $\Delta = -\sin.\ 16° 18' 20''$; donc (n° 29) $\varphi = 27° 18' 20''$; donc $\varepsilon = 28° 44' 0''$, et (n° 17) $f = 32° 32' 0''$. De-là je tire (n° 14, 1° et 5°) $l = 55° 46' 10''$ b. et $h = 65° 49' 40''$, ou $h = 4^h 23' 18'' 40'''$ s. La troisième équation du n° 27 me donne $\Lambda = \sin.\ 25° 33' 10''$; pour décrire Λ la lune (n° 5) relativement à son mouvement horaire, a employé $0^h 51' 20''$; donc (n° 3) il étoit à Paris $0^h 3' 25''$ s., tandis que le lieu cherché comptoit $4^h 23' 18'' 40'''$ s.; donc il étoit plus oriental que Paris de $4^h 19' 53'' 40'''$, ou de $65° 18' 25''$.

Donc le lieu cherché avoit une latitude boréale de $55° 46' 10''$ avec une longitude orientale de $65° 18' 25''$, et il comptoit $4^h 23' 18'' 40'''$ du soir.

On a aussi (n° 11) $\epsilon = 151° 16' 0''$, et (n° 20) $f = 270°$: ce qui donne $\sin. f = -r$ et $\cos. f = o$; donc $l = 1° 26' 18''$ *b* et $h = -72° 39' 50''$, ou $h = 7^h 9' 21''$ m. La troisième équation du n° 27 me donne $\Lambda = -$ tang. $83° 28' 45''$; le signe négatif de Λ avertit (n° 10) que la lune n'avoit pas encore atteint le méridien universel. Pour décrire Λ, il falloit à la lune $2^h 27' 50''$; donc il étoit à Paris $8^h 44' 15''$ m., tandis que le second lieu cherché comptoit $7^h 9' 21''$ m.; donc ce lieu étoit plus occidental que Paris, de $1^h 34' 54''$, ou de $23° 43' 30''$.

Donc le second lieu cherché avoit une latitude boréale de $1° 26' 18''$ avec une longitude occidentale de $23° 43' 30''$, et il comptoit $7^h 9' 21''$ du matin.

31. *Prob.* De tous les lieux qui voyent la même phase avec la même inclinaison de la ligne des centres à différentes heures respectives, déterminer celui qui voit le soleil à la plus grande hauteur sur l'horizon.

Sol. Puisque z et Δ sont donnés ϕ (n° 29) est constant; donc dans l'équation $r. \sin. \phi = \sin. \epsilon. \cos. p$. on a $\cos. p$. en raison inverse de $\sin. \epsilon$; donc $\cos. p$. est le plus petit possible, quand $\sin. \epsilon = r$.

Donc les symptômes de la solution, sont $\epsilon = 90°$, $p =$ comp ϕ, et $\sigma = 0$.

32. *Exemple.* On demande le lieu qui a vu le soleil sur l'horizon à la plus grande hauteur dans les suppositions du n° 30 sur z et sur Δ.

Sol. Puisqu'on avoit $\phi = 27° 18' 20''$, cette hauteur étoit $p = 62° 41' 40''$; $\epsilon = 90°$, donne (n° 20) $f = 331° 16' 0''$, $l = 28° 23' 20''$ b, $h = -14° 31' 0''$, ou $h = 11^h 1' 56''$ m. $\Lambda = -\sin. 23° 55' 6''$. Pour décrire Λ, il falloit à la lune $0^h 48' 15''$; donc il étoit à Paris $10^h 23' 50''$ m., tandis que le lieu cherché comptoit $11^h 1' 56''$ m.; donc ce lieu étoit plus oriental que Paris de $0^h 38' 6''$, ou de $9° 31' 30''$.

Donc le lieu demandé avoit une latitude boréale de $28° 23' 20''$ avec une longitude orientale de $9° 31' 30''$; il comptoit $11^h 1' 56''$ du matin, et il voyoit le soleil sur l'horizon à la hauteur de $62° 41' 40''$.

33. *Récapitulation.* Avec ces méthodes, je peux dresser un dispositif des points de la terre, qui voyent la phase de 5 doigts $51'$ b., avec la condition que la ligne des centres soit perpendiculaire à l'orbite de la lune. Je remarque d'abord que pour chacun de ces points, j'ai (n° 30) $\phi = 27° 18' 20''$; je donne à p des valeurs successives et arbitraires, en commençant par $p = 0°$, ou $\sigma = 90°$, ou $\epsilon = \phi$; et en observant de ne pas excéder $p =$ comp. ϕ, parce qu'une hauteur plus

grande donneroit sin. $\varepsilon > r$. Chaque valeur de p me fournit (n° 11) deux valeurs de ε, qui sont supplément l'une de l'autre, et chaque valeur de ε me fournit un angle horaire avec une latitude et une longitude correspondantes. On peut donner à z toute autre valeur que 90°, et dresser une autre dispositif.

Phase de 5 doigts 51′ b *avec* Δ *perpendiculaire à l'orbite de la lune.*

Hauteurs.	Heures.	Latitudes.	Longitudes.
0° 0′ 0″ . . .	6h 0′ 29″ m. . .	1° 25′ 20″ a. . .	39° 23′ 15″ occ.
8 49 30. . .	6 35 32. . .	0 19 3 ½ . . .	31 2 0
17 23 40. . .	7 9 21. . .	1 26 18 b . . .	23 43 30
45 0 0. . .	9 1 39. . .	11 37 20. . . .	4 32 0
62 41 40. . .	11 1 56. . .	28 23 20. . . .	9 31 30 or.
45 0 0. . .	1 24 5 s. . .	45 31 0. . . .	29 3 15
17 23 40. . .	4 23 19. . .	55 46 10. . . .	65 8 25
8 49 30. . .	5 25 10. . .	56 24 20. . . .	79 17 30
0 0 0. . .	6 28 28. . .	55 44 20. . . .	94 43 15.

34. *Remarque.* Quand Δ = 0 la phase (n° 10) est centrale : si on veut dresser un dispositif pour cette valeur particulière de Δ, la méthode est la même que pour toute autre valeur ; c'est le cas où $r.\sin.\phi = \delta.\sin.a$. Je donne à p des valeurs successives et arbitraires, en commençant par $p = 0°$, la première équation du n° 9 me fournit ε, et conséquemment f; je tire l de la première équation du n° 14, et h de la cinquième ; enfin Λ m'est donné par la première équation du n° 27.

Phase centrale de 11 doigts. 32′ *le* 1er. *avril* 1764.

Hauteurs.	Heures.	Latitudes.	Longitudes.
0° 0′ 0″ . . .	5h 53′ 24″ m. . .	18° 53′ 15″ b. . .	47° 34′ 45″ occ.
10 0 0 . . .	6 35 34 . . .	20 26 20 . . .	37 43 0
20 0 0 . . .	7 19 9 . . .	23 20 50 . . .	28 55 15
30 0 0 . . .	8 6 26 . . .	28 10 53 . . .	20 56 30
40 0 0 . . .	9 12 54 . . .	37 11 10 . . .	11 47 15
42 18 35 . . .	10 0 5 . . .	44 38 36 . . .	5 56 15
40 0 0 . . .	10 50 43 . . .	52 44 16 . . .	0 46 30 or.
30 0 0 . . .	12 21 18 s. . .	64 41 42 . . .	15 57 30
20 0 0 . . .	2 0 41 . . .	72 17 30 . . .	36 57 45
10 0 0 . . .	4 27 3 . . .	76 28 50 . . .	71 26 15
0 0 0 . . .	7 17 26 . . .	75 36 35 . . .	113 22 15

35. *Prob.* Déterminer la relation entre les mêmes variables qu'au n° 27 en excluant Δ.

Sol. Eliminons Δ avec l'équation du n° 28, et la première équation du n° 27, nous trouverons $\sin.a.(\delta.\sin.u + \Lambda.\sin.z) =$

$\cos. p. (\sin. f. \sin. z + \sin. u. \sin. \varepsilon)$; donc (trig.) 1° $\delta. \sin. u + \Lambda. \sin. z = \cos. p. \sin. (f+u)$.

Eliminons Δ avec les deux premières équations du n°. 27; nous aurons 2° $\cot. u. (\Lambda. \sin. a - \sin. f. \cos. p) = r. (\cos. f. \cos. p - \Lambda. \cos. a - r\delta)$.

Eliminons Δ avec l'équation du n° 28 et la troisième équation du n° 27, nous aurons 3° $\cot. z. (\sin. \varepsilon. \cos. p - \delta. \sin. a) = r. (r\Lambda + \delta. \cos. a - \cos. p. \cos. \varepsilon)$.

36. *Scholie.* Je suppose que pour un lieu assigné on demande la phase actuelle à un instant quelconque pendant la durée de l'éclipse: puisque je connois h et l, je tire p de la seconde équation du n° 14, et f de la cinquième, la longitude du lieu (n° 25) me donne Λ; donc je peux tirer u de la seconde équation du n° 35, et Δ de la première équation du n° 27.

Phases successives à Paris le 1er. avril 1764.

Heures.				Phases.	
9h	11′	20″ m.	....	contact.	
9	40	0.	....	3 doigts	50′ h.
10	10	0.	....	7	44
10	40	0.	....	11	8
11	12	5.	....	7	28
11	40	0.	....	4	3
12	13	9 s.	....	contact.	

37. *Prob.* Déterminer la relation entre les mêmes variables, en excluant p.

Sol. Eliminons $\cos. p$ avec l'équation du n° 28 et la première équation du n° 27, nous trouverons $\sin. a. (\Lambda. \sin. \varepsilon - \delta. \sin. f) = \Delta. (\sin. f. \sin. z + \sin. u. \sin. \varepsilon)$ donc (trig.) 1° $\Lambda. \sin. \varepsilon - \delta. \sin. f = \Delta. \sin. (f+u)$.

Eliminons $\cos. p$ avec les deux premières équations du n° 27, nous aurons 2° $\cot. f. (\Lambda. \sin. a - \Delta. \sin. u) = r. (r\delta + \Lambda. \cos. a + \Delta. \cos. u)$.

Eliminons $\cos. p$ avec l'équation du n° 28 et la troisième équation du n° 27, nous aurons 3° $\cot. \varepsilon. (\delta \sin. a + \Delta. \sin. z) = r. (r\Lambda + \delta. \cos. a - \Delta. \cos. z)$.

38. *Prob.* Déterminer la relation entre les mêmes variables, en excluant f et ε.

Sol. Les deux premières équations du n° 27 donnent $\sin. f. \cos. p = \Lambda. \sin. a - \Delta. \sin. u$ et $\cos. f. \cos. p = r\delta + \Lambda. \cos. a + \Delta. \cos. u$; donc 1° $r^2. \cos.^2. p =$

$(\Lambda. \sin. a - \Delta. \sin. u)^2 + (r\delta + \Lambda. \cos. a + \Delta. \cos. u)^2$.

L'équation du n° 28 et la troisième équation du n° 27 donnent sin. ε.cos. $p = \delta$. sin. $a + \Delta$.sin. z et cos. ε.cos. $p = r\Lambda + \delta$.cos. a — Δ.cos. z ; donc 2° r^2.cos.^{2}. $p = (\delta$. sin. $a + \Delta$. sin. $z)^2 + (r\Lambda + \delta$. cos. $a - \Delta$.cos. $z)^2$.

Chacune des deux équations précédentes étant développée, donne 3° r.cos.^{2}.$p = r$.cos.^{2}.$q + r\Delta^2 + 2\,\delta\,\Delta$.cos. $u - 2\,\Lambda\,\Delta$.cos. z.

Le triangle FGK donne (n° 23) 4° r.cos.^{2}.$p = r$.cos.^{2}.$q + r\Delta^2$ — 2 Δ.cos. q.cos. $(z + \gamma)$. Remarquons que Λ.cos.$z - \delta$.cos. u = cos. q. cos. $(z + \gamma)$.

Il faut choisir de ces quatre équations celle qui est la plus commode relativement à la variable qui est cherchée et inconnue.

39. *Prob.* Déterminer la relation entre les mêmes variables, en excluant u et z.

Sol. Les deux premières équations du n° 27 donnent Δ.sin. u = Λ. sin. a — sin. f. cos. p et Δ.cos. u = cos. f. cos. p — Λ.cos. a — $r\delta$; donc 1° $r^2\,\Delta^2 = (\Lambda$.sin. a — sin. f. cos. $p.)^2 + ($cos. f. cos. p. — Λ. cos. $a - r\delta)^2$.

L'équation du n° 28, et la troisième équation du n° 27, donnent Δ.sin.z = sin. ε.cos. $p - \delta$. sin. a, et Δ.cos. $z = r\Lambda + \delta$.cos. a — cos. p. cos. ε ; donc 2° $r^2\,\Delta^2 = ($sin. ε.cos. $p - \delta$.sin. $a.)^2 + (r\Lambda + \delta$.cos. a — cos. p.cos. $\varepsilon)^2$.

Chacune des deux équations précédentes, étant développée, donne 3° $r\Delta^2 = r$.cos.^{2} $q + r$.cos.^{2} p — 2 cos. p. (δ.cos. $f + \Lambda$.cos. ε).

Le triangle FGK donne (n° 23) 4° $r\,\Delta^2 = r$.cos.^{2} $q + r$.cos.^{2} p — 2 Cos. p.cos. q . cos. $(\zeta - f)$. Remarquons que δ.cos. $f + \Lambda$.cos. ε = cos. q.cos. $(\zeta -)$.

40. *Prob.* De tous les lieux qui voyent à différentes heures respectives la même phase actuelle avec la même inclinaison de la ligne des centres, déterminer celui qui a la plus grande ou la plus petite latitude possible, ou réciproquement (n° 26) de tous les lieux qui ont la même latitude avec la même inclinaison de la ligne des centres, déterminer celui qui voit la plus grande ou la plus petite phase.

Sol. L'équation (n° 29) r. sin. ϕ = sin. ε.cos. p. donne r.sin. ϕ = cos. p. sin. $(a - f)$; donc r. sin. ϕ = sin. a.cos. f.cos. p — sin. f. cos. a.cos. p. Je substitue à sin. f. cos. p, et à cos. f. cos. p, leurs valeurs prises de la cinquième et de la sixième equation du n° 14, et j'ai cos. l. (r.sin. h.cos. a — sin. a.sin. g.cos. h.) = r. sin. a . sin. l . cos. g — r^3. sin. ϕ. Je différencie (n° 26) cette équation relativement à h seulement, et je trouve r. cot. h = sin. g. tang. a : on a alors r. tang. σ = cos. a.cot. g.

Dans l'éclipse du 1er. avril 1764, on trouve h = 81° 17′ 30″, et (n° 11) h = 261° 17′ 30″ ; ce qui désigne 5h 25′ 10″ tant du matin que du soir, et σ = 80° 3′ 30″.

41. *Prob.* De tous les lieux qui voyent la même phase avec la même inclinaison de la ligne des centres, déterminer celui qui a le plus grand ou le plus petit angle horaire; ou réciproquement de tous les lieux qui ont le même angle horaire avec la même inclinaison de la ligne des centres, déterminer celui qui voit la plus grande ou la plus petite phase.

Sol. Je différencie (n° 26) la même équation relativement à l seulement, et je trouve $\sin. h . \cot. a + \sin. g . \cos. h = - \cos. g . \cot. l$; dans l'équation non différenciée, je substitue $- \cos. g . \cot. l$ à $\sin. h . \cot. a + \sin. g . \cos. h$, et je trouve $\sin. \varphi : \sin. a :: \cos. g : \sin. l$.

CHAPITRE III.

De la relation entre les variables à l'instant de la plus grande phase par comparaison aux autres phases d'un même lieu.

42. *Avertissement.* DANS le dispositif du n° 33 z et Δ sont constans, parce que nous comparions plusieurs lieux sous différentes latitudes qui voyent la même phase avec la même inclinaison de la ligne des centres à leurs heures respectives; dans la théorie actuelle z et Δ sont variables, parce que nous comparons leurs valeurs successives pendant la durée de l'éclipse, relativement à un même lieu.

43. *Prob.* Déterminer la relation entre h, l et u ou z, à l'instant de la plus grande phase.

Sol. Puisque $CF^2 + KC^2 = KF^2$ on a $CF . d . CF + KC . d . KC = KF . d . KF$; donc le symptôme du *minimum* de KF est $CF . d . CF + KC . d . KC = 0$; mais $r . CF = KC . \cot. u$; donc $r . d . KC + \cot. u . d . CF = 0$. Dans les expressions de KC et de CF déterminées au n° 27, je substitue à $\sin. f . \cos. p$, et à $\cos. f . \cos. p$, leurs valeurs données par la cinquième et la sixième équation du n° 14; et je trouve $r . KC = \Lambda . \sin. a - \sin. h . \cos. l$ et $r^2 . CF = r . \sin. l . \cos. g - \sin. g . \cos. h . \cos. l - r\Lambda . \cos. a - r^2 \delta$: les variables sont h et Λ; donc $r^2 d . KC = r . \sin. a . d\Lambda - \cos. l . \cos. h . dh$ et $r^3 . d . CF = \sin. g . \cos. l . \sin. h . dh - r^2 . \cos. a . d\Lambda$, donc $r^3 . \sin. a . d\Lambda - r^2 . \cos. l . \cos. h . dh +$
$\sin. g . \cos. l . \cot. u . \sin. h . dh - r^2 . \cos. a . \cot. u . d\Lambda = 0$.

Ar. $\sin. a - \cos. a . \cot. u$ coëfficient de $r^2 d\Lambda$, je substitue (n° 16) $\frac{r^2 . \cos. z}{\sin. u}$, et je trouve $r^3 . \cos. z . d\Lambda - r . \sin. u . \cos. l . \cos. h . dh + \sin. g . \cos. l . \cos. u . \sin. h . dh = 0$; l'équation (n° 25) $\Lambda \xi = h n - t n$ donne $\xi \, d\Lambda = n \, dh$; donc $r^3 . n . \cos. z =$
$\xi \cos. l . (r . \sin. u . \cos. h - \sin. g . \sin. h . \cos. u)$.

44. *Scholie* 1. Si on élimine z (n° 16), on trouve $\text{tang.}\, u\,(rn.\sin a - \xi.\cos. h.\cos. l.) = r^2 n.\cos. a - \xi.\sin. g.\sin. h.\cos. l$: si on élimine u, on trouve

$\cot. z.\,(r^4 n - r\xi.\sin. a.\cos. h.\cos. l - \xi.\sin. g.\sin. h.\cos. a.\cos. l.) = r\xi.\cos. l.\,(r.\cos. a.\cos. h - \sin. a.\sin. g.\sin. h)$.

45. *Scholie* 2. Dans un dispositif tel que celui du n° 33, la phase désignée est vue comme phase actuelle par tous les lieux que le calcul a déterminés, mais elle n'y est pas vue comme plus grande phase; cependant il faut excepter les lieux pour qui les angles h et z ont avec l'arc l la relation que nous venons de trouver. Pour ces lieux particuliers, la phase donnée est véritablement une plus grande phase; ce sont ces lieux qu'il s'agira de discerner sur chaque dispositif.

46. *Scholie* 3. Quand $z = 90°$, on a $\cot. z = 0$, et la seconde équation du n° 44 donne $r.\cot. h = \sin. g.\text{tang.}\, a$, comme au n° 40; donc alors le symptôme de la plus grande phase ne dépend que de h, et non pas d'une relation entre h et l. Ainsi, sur le disposisif du n° 33, la phase donnée de 5 doigts 51′ b. est une plus grande phase pour le lieu qui a une latitude boréale de 56° 24′ 20″ avec une longitude orientale de 79° 17′ 30″, parce que ce lieu compte 5h 25′ 10″ du soir. Le lieu qui compte 5h 25′ 10″ du matin, est situé sur l'hémisphère obscur.

47. *Prob.* De tous les lieux situés sous le même parallèle, déterminer celui qui voit la plus grande ou la plus petite inclinaison de la ligne des centres à l'instant de la plus grande phase; ou réciproquement (n° 26) de tous les lieux qui voyent la même inclinaison de la ligne des centres à l'instant de la plus grande phase, déterminer celui qui a la plus grande ou la plus petite latitude.

Sol. Je différencie (n° 26) l'équation du n° 43, relativement à h seulement; et je trouve pour le symptôme cherché $\text{tang.}\, h.\text{tang.}\, u + r.\sin. g = 0$.

48. *Scholie.* Substituons cette valeur de h dans l'équation du n° 43, non différenciée; nous aurons $r^2 n.\cos. z = \pm\, \xi.\cos. l.\,(r^2.\sin.^2 u + \sin.^2 g.\cos.^2 u.)^{\frac{1}{2}}$: substituons la valeur de u dans la première équation du n° 44, nous aurons $r\xi.\sin. g.\cos. l = n.\,(r.\sin. h.\cos. a + r.\sin. a.\sin. g.\cos. h)$.

49. *Prob.* Etant données h et l à l'instant de la plus grande phase, déterminer Δ et Λ.

Sol. La seconde équation du n° 14 donne p, et la cinquième donne f, et conséquemment ϵ: tirez u ou z d'une équation du n° 44, ensuite Δ de l'équation du n° 28, et Λ de la première équation du n° 27.

50. *Exemple.* Dans l'éclipse du 1er avril 1764, je conçois que chaque point du parallèle boréal de 48° 50′ 10″, voit sa plus grande phase respective d'une quotité différente et à des heures différentes: je passe donc

donc en revue les angles horaires successifs, depuis celui qui répond au lever du soleil sous le parallèle boréal de 48° 50′ 10″, jusqu'à celui qui répond au coucher du soleil : je détermine la valeur de Δ qui répond à chacun de ces angles, et ensuite la valeur de Λ qui équivaut à la longitude. Par cette méthode, je construis le dispositif suivant :

Plus grandes phases sous le parallèle boréal de 48° 50′ 10″ *le* 1er. *avril* 1764.

Heures.			Phases.		Longitudes.		
5h	37′	52m.	6doigts	43′ a.	65°	15″	0″ occ.
6	0	0	6	47	59	41	0
7	0	0	7	15	45	20	30
8	0	0	8	7	32	1	15
9	0	0	9	19	19	31	15
10	0	0	10	49	7	37	45
10	26	0	11	32 c.	2	37	0
10	40	0	11	8 b.	0	0	0
11	0	0	10	33	3	5	30 or.
12	0	0	8	50	14	11	45
1	0	0 s.	7	11	25	58	45
2	0	0	5	45	36	53	45
3	0	0	4	37	48	0	30
4	0	0	3	50	59	39	0
5	0	0	3	27	72	10	0
5	25	10	3	25	77	45	0
6	0	0	3	29	85	50	0
6	22	8	3	36	91	19	30.

51. *Prob.* Déterminer la relation entre p, f, ou ε, et u ou z, quand Δ est un *minimnm.*

Sol. Dans l'équation du n° 43, substituons à sin. h. cos. l, et à cos. h. cos. l. leurs valeurs données pat la cinquième et par la septième équation du n° 14, nous trouverons $r^2 n.\cos. z = \xi.\sin. p.\sin. u.\cos. g - \xi.\sin. g.\cos. p.\sin. (f+u)$, ou (n° 16 et 17) $r^2 n.\cos. z = \xi.\sin. p.\sin. u.\cos. g - \xi.\sin. g.\cos. p.\sin. (\varepsilon + z)$.

Quand deux de ces variables ont déterminé la troisième, alors l'équation du n° 28 fournit Δ qui devient un *minimum.*

52. *Scholie* 1. Faisons les mêmes substitutions dans les équations du n° 44, nous aurons $\cot. u.(r^2 n.\cos. a - \xi.\sin. f.\sin. g.\cos. p) = r.(r^2 n.\sin. a + \xi.\sin. g.\cos. f.\cos. p - r\xi.\sin. p.\cos. g)$, et $\cot. z.(r^3 n - \xi.\sin. a.\sin. p.\cos. g + \xi.\sin. g.\sin. \varepsilon.\cos. p.) = r\xi.(\sin. p.\cos. a.\cos. g - \sin. g.\cos. p.\cos. \varepsilon)$.

53. *Scholie* 2. Quand $z = 90^\circ$, on a $\cot. z = 0$, et la seconde équation du n° 52 donne $\cos a . \tang. p = \cos. \varepsilon . \tang. g$; je substitue cette valeur de p dans la quatrième équation du n° 14, et je trouve $r . \cot. h = \sin. g . \tang. a$, comme au n° 46.

54. *Prob.* Déterminer la relation entre p, Λ, et u ou z, quand Δ est un *minimum*.

Sol. Egalons les deux valeurs de $\cos. p . \sin. (f + u)$ prises de la première équation du n° 35, et de la première équation du n° 51, nous trouverons $r^2 n . \cos. z = \xi . \sin. p . \sin. u . \cos. g - \xi . \sin. g . (\delta . \sin. u + \Lambda . \sin. z)$.

Quand deux de ces variables ont déterminé la troisième, alors la troisième équation du n° 38 fournit Δ qui devient un *minimum*.

55. *Scholie.* Egalons les deux valeurs de $r . \cos. f + \sin. f . \cot. u$. prises de la seconde équation du n° 35, et de la première équation du n° 52, nous aurons $\cot. u . (r^2 n . \cos. a - \xi \Lambda . \sin. a . \sin. g) = r . (r^2 n . \sin. a + r \delta \xi \sin. g + \xi \Lambda . \sin. g . \cos. a - r \xi . \sin. p . \cos. g)$.

Egalons les deux valeurs de $r . \cos. \varepsilon + \sin. \varepsilon . \cot. z$. prises de la troisième équation du n° 35, et de la seconde équation du n° 52, nous aurons $\cot. z \, (r^3 n - \xi . \sin. a . \sin. p . \cos. g + \delta \xi . \sin. a . \sin. g .) = r \xi . (\sin. p . \cos. a . \cos. g - r \Lambda . \sin. g - \delta . \sin. g . \cos. a)$.

56. *Prob.* Etant donné Δ avec u ou z, à l'instant de la plus grande phase, déterminer la valeur correspondante de σ.

Sol. Faites, 1°. $r . \sin. \varphi = \delta . \sin. a + \Delta . \sin. z$;

2°. $\tang. \psi = \sin. \varphi + \dfrac{r^2 n}{\xi . \sin. g}$; 3°. $\sin. z . \tang. \rho = \sin. u . \cot. g$;

4°. $r . \cos. \varphi . \sin. (\rho - \sigma) = \cos. \rho . \tang. \psi . \cot. z$.

Dem. Dans la seconde équation du n° 51, substituons à $\sin. u$. sa valeur $\dfrac{\sin. z . \tang. \rho}{\cot. g}$, nous aurons $r^3 n . \cot. z + \xi . \sin. g . \sin. \varepsilon . \cos. p . \cot. z + r \xi . \sin. g . \cos. p . \cos. \varepsilon = r \xi . \sin. g . \sin. p . \tang. \rho$. Substituons (n° 9), 1°. $\cos. \sigma . \cos. \varphi$ à $r . \sin. p$; 2°. $r . \sin. \varphi$ à $\sin. \varepsilon . \cos. p$; 3°. $\sin. \sigma . \cos. \varphi$ à $\cos. \varepsilon . \cos. p$, nous aurons $r^3 n . \cot. z + \xi . r . \sin. g . \sin. \varphi . \cot. z + r \xi . \sin. g . \sin. \sigma . \cos. \varphi = \xi . \sin. g . \cos. \sigma . \cos. \varphi . \tang. \rho$. A $r^2 n$ substituons sa valeur $\xi . \sin. g . (\tang. \psi - \sin. \varphi)$, nous aurons $r . \tang. \psi . \cot. z = \cos. \sigma . \cos. \varphi . \tang. \rho - r . \sin. \sigma . \cos. \varphi$. Multiplions chaque terme par $\cos. \rho$, nous aurons $\cos. \rho . \tang. \psi . \cot. z = \cos. \varphi . (\sin. \rho . \cos. \sigma - \sin. \sigma . \cos. \rho)$, ou $r . \cos. \varphi . \sin. (\rho - \sigma) = \cos. \rho . \tang. \psi . \cot. z$. Donc la quatrième équation de cette méthode n'est qu'une transformée de la seconde équation du n° 51.

57. *Scholie.* Il faut augmenter ρ de 360°, quand cela est nécessaire pour satisfaire à la quatrième équation de la méthode. Quand je connois φ et σ, je détermine p et ε par les équations (n° 9) $r . \sin. p = \cos. \sigma . \cos. \varphi$ et $r . \cot. \varepsilon = \sin. \sigma . \cot. \varphi$: quand je tiens g, p, ε, et consé-

quemment f, je tire l de la première équation du n° 14, et h de la cinquième; ensuite λ m'est donné par la première équation du n° 27 ou 35.

58. *Exemple* 1. Dans l'éclipse du 1er. avril 1764, je demande la latitude et la longitude des points de la terre, pour qui la plus grande phase est de 5 doigts 51′ b., tandis que la ligne des centres est perpendiculaire à l'orbite de la lune.

Sol. Ce cas a déjà été résolu par la méthode particulière du n° 46, mais il est aussi compris dans la méthode générale. Par les conditions de l'exemple, j'ai, 1°. $\phi = 27° 18' 20'$; 2°. $\psi = 87° 33' 10''$; 3°. $\varrho = 80° 3' 30''$; 4°. $\varrho - \sigma = 0$, ou $\sigma = 80° 3' 30'$. Ces valeurs de ϕ et de σ me donnent $p = 8° 49' 30''$, $\epsilon = 27° 39' 40''$, et $f = 33° 36' 20'$: de-là je tire $l = 56° 24' 20''$ b. $h = 81° 17' 30''$, ou $h = 5^h 25' 10''$ s. $\lambda =$ sin. $28° 1' 20''$. Pour décrire λ, la lune a employé $0^h 55' 55''$; donc il étoit à Paris $0^h 8' 0'$s., tandis que le lieu cherché comptoit $5^h 25' 10''$s.; donc ce lieu étoit plus oriental que Paris de $5^h 17' 10''$, ou de 79° 17′ 30″.

Donc le lieu cherché avoit une latitude boréale de 56° 24′ 20″ avec une longitude orientale de 79° 17′ 30″, et il comptoit $5^h 25' 10''$ du s.

On avoit aussi (n° 11) $\varrho - \sigma = 180°$; ce qui donne (n° 57) $\sigma = 260° 3' 30''$: mais alors (n° 11) cos. σ est négatif; donc (n° 9) sin. p est négatif aussi; donc le second lieu cherché est situé sur l'hémisphère obscur. Cependant il satisferoit à la question, si la terre étoit transparente, et on peut être curieux de le déterminer.

On trouve $p = -8° 49' 30''$ $\epsilon = 152° 20' 20''$, $f = 268° 55' 40''$: de-là je tire $l = -1° 47' 36''$, $h = 261° 17' 30''$, ou $h = 5^h 25' 10''$ m. $\lambda = -$ tang. $52° 1' 10''$. Pour décrire λ, il falloit à la lune $2^h 32' 25''$; donc il étoit à Paris $8^h 39' 40''$m., tandis que le second lieu cherché comptoit $5^h 25' 10''$ m.; donc ce lieu étoit plus occidental que Paris de $3^h 14' 30''$, ou de 48° 37′ 30″.

Donc le second lieu cherché avoit une latitude australe de 1° 47′ 36″ avec une longitude occidentale de 48° 37′ 30″, et il comptoit $5^h 25' 10''$ du matin.

59 *Exemple* 2. Soit $z = 85°$ et $u = 33° 44'$, j'aurai, 1°. $\phi = 27° 22' 30''$; 2°. $\psi = 87° 33' 10''$; 3°. $\varrho = 81° 24' 15''$; 4°. $\varrho - \sigma = 20° 9' 0''$, ou $\sigma = 61° 15' 15''$; donc $p = 25° 16' 50''$, $\epsilon = 30° 34' 0''$, et $f = 30° 42' 0''$. De-là je tire $l = 54° 9' 20''$ b. $h = 52° 2' 0''$, ou $h = 3^h 28' 8''$s. $\lambda =$ sin. $20° 24' 20''$: pour décrire λ, la lune a employé $0^h 41' 30''$; donc il étoit à Paris $11^h 53' 35'$m., tandis que le lieu cherché comptoit $3^h 28' 8''$ s.; donc ce lieu étoit plus oriental que Paris de $3^h 34' 33''$, ou de 53° 38 15″.

Donc le lieu cherché avoit une latitude boréale de 54° 9′ 20″, avec une longitude orientale de 53° 38′ 15″, et il comptoit $3^h 28' 8''$ du soir.

C 2

On avoit aussi $\varrho - \sigma = 159^\circ\ 51'\ 0''$, ou $\sigma = 281^\circ\ 33'\ 15''$; ce qui donne $p = 10^\circ\ 14'\ 40''$, $\varepsilon = 152^\circ\ 8'\ 35'$, et $f = 269^\circ\ 7'\ 25''$. De-là, je tire $l = -\ 0^\circ\ 0',\ 23''$, $h = -\ 79^\circ\ 43'\ 0''$ ou $h = 6^h\ 41'\ 8''$ m. $\mathrm{A} = -$ tang. $52^\circ\ 25'\ 46''$: pour décrire A il falloit à la lune $2^h\ 34'\ 42''$; donc il étoit à Paris $8^h\ 37'\ 23''$ m., tandis que le second lieu cherché comptoit $6^h\ 41'\ 8''$ m.; donc ce lieu étoit plus occidental que Paris de $1^h\ 26'\ 15''$ ou de $29^\circ\ 3'\ 45''$.

Donc le second lieu cherché avoit une latitude australe de $0^\circ\ 0'\ 23''$ avec une longitude occidentale de $29^\circ\ 3'\ 45''$, et il comptoit $6^h\ 41'\ 8''$ du matin.

60 *Exemple* 3. Soit $z = 80^\circ$ et $u = 38^\circ\ 44'$: j'aurai $1^\circ\ \varphi = 27^\circ\ 35'\ 0''$; $2^\circ\ \psi = 87^\circ\ 33'\ 10''$; $3^\circ\ \varrho = 82^\circ\ 26'\ 40''$; $4^\circ\ \varrho - \sigma = 37^\circ\ 44'\ 10''$ ou $\sigma = 44^\circ\ 42'\ 30''$; donc $p = 39^\circ\ 2'\ 40''$, $\varepsilon = 36^\circ\ 35'\ 50''$, et $f = 24^\circ\ 40'\ 10''$ De-là je tire $l = 49^\circ\ 7'\ 40''$ b, $h = 29^\circ\ 41'\ 40''$, ou $h = 1^h\ 58''\ 46''\ 40'''$ s. $\mathrm{A} =$ tang. $9^\circ\ 36'\ 40''$. Pour décrire A la lune a employé $0^h\ 20''\ 9''$; donc il étoit à Paris $11^h\ 32'\ 14''$ m., tandis que le lieu cherché comptoit $1^h\ 58'\ 46''\ 40'''$ s., donc ce lieu étoit plus oriental que Paris de $2^h\ 26'\ 32''\ 40'''$ ou de $36^\circ\ 28'\ 10''$.

Donc le lieu cherché avoit une latitude boréale de $49^\circ\ 7'\ 40''$ avec une longitude orientale de $36^\circ\ 28'\ 10''$, et il comptoit $1^h\ 58'\ 46''\ 40'''$ du soir.

On avoit aussi $\varrho - \sigma = 142^\circ\ 15'\ 50''$ ou $\sigma = 300^\circ\ 10'\ 50''$; ce qui donne $p = 26^\circ\ 27'\ 40''$, $\varepsilon = 148^\circ\ 51'\ 14''$, et $f = 272^\circ\ 24'\ 46''$. De-là je tire $l = 4^\circ\ 18'\ 0''$ b, $h = -63^\circ\ 45'\ 40''$ ou $h = 7^h\ 44'\ 57''$ m. $\mathrm{A} = -$ tang. $50^\circ\ 40'\ 6''$: pour décrire A il falloit à la lune $2^h\ 25'\ 14''$; donc il étoit à Paris $8^h\ 46'\ 51''$ m., tandis que le second lieu cherché comptoit $7^h\ 44'\ 57''$ m.; donc ce lieu étoit plus occidental que Paris de $1^h\ 1'\ 54''$ ou de $15^\circ\ 28'\ 30''$.

Donc le second lieu cherché avoit une latitude boréale de $4^\circ\ 18'\ 0''$ avec une longitude occidentale de $15^\circ\ 28'\ 30''$, et il comptoit $7^h\ 44'\ 57''$ du matin.

61. *Exemple* 4. Soit $z = 75^\circ$ et $u = 43^\circ\ 44'$: j'aurai, $1^\circ\ \varphi = 27^\circ\ 55\ 35''$; $2^\circ\ \psi = 87^\circ\ 33'\ 10''$; $3^\circ\ \varrho = 83^\circ\ 17'\ 5''$; $4^\circ\ \varrho - \sigma = 56^\circ\ 5'\ 20''$ ou $\sigma = 27^\circ\ 11'\ 45''$; donc $p = 51^\circ\ 48'\ 10''$, $\varepsilon = 49^\circ\ 13'\ 50''$, et $f = 12^\circ\ 2'\ 10''$. De-là je tire $l = 41^\circ\ 57'\ 45''$ b, $h = 9^\circ\ 59'\ 10''$, ou $h = 0^h\ 39'\ 56''\ 40'''$ s. $\mathrm{A} = -$ sin. $4^\circ\ 15'\ 40''$: pour décrire A il falloit à la lune $0^h\ 8'\ 50''$; donc il étoit à Paris $11^h\ 3'\ 15''$ m., tandis que le lieu cherché comptoit $0^h\ 39'\ 56''\ 40'''$ s.; donc ce lieu étoit plus oriental que Paris de $1^h\ 36'\ 41''\ 40'''$ ou de $24^\circ\ 10'\ 25''$.

Donc le lieu cherché avoit une latitude boréale de $41^\circ\ 57'\ 45''$, avec une longitude orientale de $24^\circ\ 10'\ 25''$, et il comptoit $0^h\ 39'\ 56'\ 40'''$ du soir.

On avoit aussi $\varrho - \sigma = 123^\circ\ 54'\ 40''$ ou $\sigma = 319^\circ\ 22'\ 25''$; ce qui donne $p = 42^\circ\ 6'\ 45''$, $\epsilon = 140^\circ\ 51'\ 7''$, et $f = 280^\circ\ 24'\ 53''$. De-là je tire $l = 10^\circ\ 56'\ 56''$ b, $h = -48^\circ\ 0'\ 0''$ ou $h = 8^h\ 48'\ 0''$ m. $\Lambda = -$ tang. $46^\circ\ 29'\ 20''$: pour décrire Λ il falloit à la lune $2^h\ 5'\ 22''$; donc il étoit à Paris $9^h\ 6'\ 43''$ m., tandis que le second lieu cherché comptoit $8^h\ 48'\ 0''$ m.; donc ce lieu étoit plus occidental que Paris de $0^h\ 18'\ 43''$ ou de $4^\circ\ 4'\ 45''$.

Donc le second lieu cherché avoit une latitude boréale de $10^\circ\ 56'\ 56''$ avec une longitude occidentale de $4^\circ\ 4'\ 45''$, et il comptoit $8^h\ 48'\ 0''$ du matin.

62. *Exemple* 5. Soit $z = 70^\circ\ 25'$ et $u = 48^\circ\ 19'$: j'aurai 1° $\phi = 28^\circ\ 21'\ 35''$; 2° $\psi = 87^\circ\ 33'\ 15''$; 3° $\varrho = 83^\circ\ 56'\ 0''$; 4° $\varrho - \sigma = 90^\circ$ ou $\sigma = 353^\circ\ 56'\ 0''$; donc $p = 61^\circ\ 3'\ 5''$, $\epsilon = 78^\circ\ 55'\ 20''$, et $f = 342^\circ\ 20'\ 40''$. De-là je tire $l = 32^\circ\ 12'\ 50''$ b, $h = -9^\circ\ 59'\ 30''$ ou $h = 11^h\ 20'\ 2''$ m. $\Lambda = -$ sin. $23^\circ\ 59'\ 20''$: pour décrire Λ il falloit à la lune $0^h\ 48'\ 23''$; donc il étoit à Paris $10^h\ 23'\ 42''$ m., tandis que le lieu cherché comptoit $11^h\ 20'\ 2''$ m.; donc ce lieu étoit plus oriental que Paris de $0^h\ 56'\ 20''$, ou de $14^\circ\ 5'\ 0''$.

Donc le lieu cherché avoit une latitude boréale de $32^\circ\ 12'\ 50''$ avec une longitude orientale de $14^\circ\ 5'\ 0''$, et il comptoit $11^h\ 20'\ 2''$ du matin.

La seconde valeur de $\varrho - \sigma$ est égale à la première, et ne donne pas une seconde solution.

63. *Récapitulation.* Si on dressoit pour chaque degré de z un dispositif complet pareil à celui du n° 33, la phase donnée de $5^{\text{doigts}}\ 51'$ b. seroit (n° 45), un *maximùm* pour les deux lieux seulement déterminés par la méthode du n° 56 : dans les autres lieux cette phase seroit vue comme phase actuelle, mais non pas comme plus grande phase.

Quand j'ai calculé les cinq exemples, je réunis les solutions et je les dispose par ordre des angles horaires ; ce qui me fournit le dispositif suivant : je ne présente les valeurs que de h, de l, et de Λ : on peut former d'autres colonnes avec les valeurs de f, de p et de z, que j'ai aussi déterminées.

Plus grande phase de $5^{\text{doigts}}\ 51'$ boréale, le 1er avril 1764.

heures.			latitudes.			longitudes.		
6^h	$41'$	$8''$ m.	0°	$0'$	$23''$ a.	29°	$3'$	$45''$ occ.
7	44	57	4	18	0 b.	15	28	30
8	48	0	10	56	56	4	4	45
11	20	2	32	12	50	14	5	0 or.
12	39	57 s.	41	57	45	24	10	25
1	58	47	49	7	40	36	28	10
3	28	8	54	9	20	53	38	15
5	25	10	56	24	20	79	17	30

64. *Remarque* 1. Dans l'éclipse du 1er avril 1764, je suppose que par une méthode quelconque (n° 36), j'aye découvert qu'à Paris la plus grande phase est arrivée à 10^h 40′ m., et je demande quel est le second lieu qui a vu la même plus grande phase que Paris avec la même inclinaison de la ligne des centres.

Par l'énoncé du problême, j'ai $g = 4°\ 49'\ 0''$, $l = 48°\ 50'\ 10''$ b, $h = 340°$: la seconde équation du n. 14, me donne $p = 42°\ 48'\ 30''$ et la cinquième $f = 342°\ 7'\ 50''$, et conséquemment $\epsilon = 79°\ 8'\ 10''$. L'équation (n° 9), $r.\sin.\ \phi = \sin.\ \epsilon.\cos.p$ me donne $\phi = 46°\ 5'\ 40''$, et conséquemment $\psi = 87°\ 34'\ 50''$. La première équation du n° 44 me donne $u = 41°\ 26'\ 20''$, et conséquemment $z = 77°\ 17'\ 40''$. La troisième équation du n° 56, me donne $\varrho = 82°\ 55'\ 10''$. La quatrième me donne $\varrho - \sigma = 71°\ 26'\ 40''$, et conséquemment $\sigma = 11°\ 28'\ 30''$.

Donc pour le second lieu $\varrho + \sigma = 108°\ 33'\ 20''$, et $\sigma = 334°\ 21'\ 50''$: donc $p = 38°\ 41'\ 42''$, $\epsilon = 112°\ 36'\ 23''$, $f = 308°\ 39'\ 37''$. De-là je tire $l = 32°\ 34'\ 15''$ b., $h = 313°\ 40'\ 50''$ ou $h = 8^h\ 54'\ 43''\ 20'''$ m. La première équation du n° 35, me donne $\lambda = -\sin.\ 44°\ 26'\ 30''$: pour décrire λ il falloit à la lune 5000″, ou $1^h\ 23'\ 20''$; donc il étoit à Paris $9^h\ 48'\ 45''$ m., tandis que le second lieu comptoit $8^h\ 54'\ 43''\ 20'''$ m. ; donc ce lieu étoit plus occidental que Paris de $0^h\ 54'\ 1''\ 40'''$ ou de $13°\ 30'\ 25''$.

Donc le second lieu cherché avoit une latitude boréale de $32°\ 34'\ 15''$ avec une longitude occidentale de $13°\ 30'\ 25''$, et il comptoit $8^h\ 54'\ 43''\ 20'''$ du matin. La plus grande phase a été la même qu'à Paris avec la même inclinaison de la ligne des centres.

65. *Remarque* 2. Ne perdons point de vue qu'au n° 56, c'est la quatrième équation qui contient un symptôme de la plus grande phase, et que dans cette équation la quantité inconnue est $\sin.(\varrho - \sigma)$: concevons bien l'usage de cet angle $(\varrho - \sigma)$. Quand $z = 90°$, on trouve $\sin.(\varrho - \sigma) = 0$, ensuite $\sin.(\varrho - \sigma)$ croît à mesure que z décroît ; ainsi la plus petite valeur possible de z est celle qui donne $\sin.(\varrho - \sigma) = r$. Là il faut s'arrêter : pour peu qu'on diminue z par-delà cette limite, on trouve $\sin.(\varrho - \sigma) > r$. Chaque valeur de $\sin.(\varrho - \sigma)$ indique pour l'angle même $(\varrho - \sigma)$ deux valeurs qui sont supplément l'une de l'autre, et qui deviennent égales quand $\sin.(\varrho - \sigma) = r$. Chaque valeur de $(\varrho - \sigma)$ fournit une valeur distincte pour σ ; d'où résultent aussi deux valeurs pour chacune des autres variables. Ces deux valeurs, pour chaque variable, deviennent égales quand $\sin.(\varrho - \sigma) = r$, et elles deviendroient imaginaires, si on avoit $\sin.(\varrho - \sigma) > r$. Chaque valeur de l observe avec la valeur de h correspondante, la relation prescrite par l'équation du n° 43.

L'avantage que je me procure, en prenant l'angle $(\varrho - \sigma)$ pour la quantité inconnue, consiste en ce que les deux valeurs de cet angle sont toujours supplément l'une de l'autre, et données par une équation simple du premier degré ; ce qui ne convient à aucun autre variable. Etant donné Δ avec u ou z à l'instant de la plus grande phase, si on cherche directement une variable quelconque, autre que l'angle $(\varrho - \sigma)$, sa valeur est donnée par une équation du second degré, dont les deux racines n'ont point entre elles une relation constante, et dont la solution est très-pénible à cause de la complication des quantités connues.

66 *Prob.* Déterminer la relation entre la distance des centres à l'instant de la plus grande phase, et le plus petit angle que cette distance puisse faire avec l'orbite de la lune.

Sol. Dans la quatrième équation du n° 56, je fais (n° 65) $\sin.(\varrho - \sigma) = r$, et elle devient $\cos.\varrho.\tang.\psi = \cos.\phi.\tang.z$, ou $\cos.\phi.\sec.\varrho = \tang.\psi.\cot.z$; d'ailleurs la troisième équation est $\sin.z.\tang.\varrho = \sin.u.\cot.g$: je substitue ces valeurs de $\sec.\varrho$ et de $\tang.\varrho$ dans l'équation trigonométrique $\sec.^2\varrho = r^2 + \tang.^2\varrho$, et je trouve $r.\cos.z.\tang.\psi = \pm \cos.\phi.(r^2.\sin.^2.z + \sin.^2.u.\cot.^2.g)^{\frac{1}{2}}$.

Souvenons-nous que ϕ et ψ sont (n° 56) des fonctions de z et de Δ.

67. *Scholie* 1. Quand Δ est connu, il est difficile de tirer z de cette équation, parce qu'elle est compliquée relativement à z ; il vaut mieux prendre pour symptôme que z est parvenu au *minimum*, quand sa valeur satisfait à-la-fois aux deux proportions suivantes, $\sin.z : \sin.u :: \cot.g : \tang.\varrho$ et $\tang.\psi : \tang.z :: \cos.\phi : \cos.\varrho$. Si on continue de supposer $\Delta = -\sin.16^\circ\ 18'\ 20''$, on trouve que cette propriété convient à l'angle $z = 70^\circ\ 25'$; les deux proportions donnent également $\varrho = 83^\circ\ 56'$.

Cette proposition n'empêche pas qu'on ne puisse supposer $z = 70^\circ\ 0'\ 0''$ avec $\Delta = -\sin.16^\circ\ 18'\ 20''$, et dresser un dispositif pareil à celui du n° 33 : il s'en suit seulement que le symptôme de la plus grande phase deviendra impossible, et qu'ainsi aucun des lieux compris sur ce dispositif ne verra la phase donnée comme sa plus grande phase, quoiqu'il la voye comme sa phase actuelle.

68. *Scholie* 2. Quand z est donné, on détermine Δ facilement : la première des deux proportions donne ϱ, qui devient connu dans la seconde ; substituons (n° 56) dans cette seconde proportion $\sin.\phi + \frac{r^2.\eta.}{\xi.\sin.g.}$ à $\tang.\psi$, elle fournira une équation simple qui sera soluble (n° 13) relativement à ϕ ; quand on tient $r.\sin.\phi$, on connoît (n° 56) $\delta.\sin.a + \Delta.\sin.z$, et conséquemment Δ.

69. *Exemple.* Dans l'éclipse du 1er. avril 1764, je suppose qu'à l'instant de la plus grande phase la ligne des centres fasse avec l'orbite de la lune un angle de $70^\circ\ 25'$, et je demande quelle est la distance des centres pour qui cet angle est le plus petit possible.

Sol. Puisque $z = 70° 25'$, on a (n° 16) $u = 48° 19'$; donc la première proportion du n° 67 donne $\varrho = 83° 56'$; donc la seconde donne $\phi = 28° 21' 40''$; donc $\Delta = -$ sin. $16° 18'' 20''$.

70. *Prob.* De tous les angles de la ligne des centres avec l'orbite de la lune à l'instant de la plus grande phase, qui sont respectivement des *minima*, relativement à chaque distance des centres, déterminer le *minimum* absolu.

Sol. Pour résoudre ce problême, il faut (n° 26) différencier l'équation du n° 66, relativement à Δ seulement, comme si z étoit constant, c'est-à-dire, relativement à cos. ϕ et à tang. ψ. La première équation du n° 56 me donne r. diff. sin. $\phi =$ sin. z . $d\Delta$, ou cos. ϕ. $d\phi =$ sin. z. $d\Delta$; je multiplie chaque membre par $+$ tang. ϕ, et je trouve $- r$. sin. ϕ. $d\phi = -$ sin. z. tang. ϕ. $d\Delta$, ou r^2. diff. cos. $\phi = -$ sin. z. tang. ϕ. $d\Delta$. La seconde équation du n° 56 me donne diff. tang. ψ = diff. sin. ϕ; donc r. diff. tang. $\psi =$ sin. z . $d\Delta$. Je porte ces valeurs de diff. cos. ϕ et de diff. tang. ψ dans l'équation du n° 66 différenciée, et je trouve $-$ cos. z. cot. $\phi = \pm$ (r^2. sin.^{2}. z + sin.^{2} u. cot.^{2} g)$^{\frac{1}{2}}$.

71. *Scholie.* Concevons bien que dans cette équation (n° 16) z est la seule quantité inconnue, parce que ϕ n'est plus qu'une fonction des quantités constantes, et qu'il a cessé d'être fonction de z et de Δ. En effet, avec les équations des n° 66 et 70, j'élimine le radical, et je trouve r. tang. ψ + cos. ϕ. cot. $\phi = 0$; je substitue cette valeur de tang. ψ dans la seconde équation du n° 56, et je trouve n. sin. ϕ + ξ. sin. $g = 0$. Si g est positif, sin. ϕ et cos. ϕ sont négatifs; mais tang. ϕ et cot. ϕ sont positives.

Pour résoudre l'équation du n° 70, j'introduis deux angles constans π et χ tels que r. tang. $g =$ cos. a. tang. χ, et que cos. χ. tang. $a =$ sin. π. cot. ϕ, et je trouve r. tang. $z =$ cot. ϕ. sin. ($- \pi + \chi$). La valeur correspondante de Δ est donnée par la première équation du n° 56.

72. *Prob.* Déterminer la relation entre z et Δ, pour que sur un dispositif pareil à celui du n° 33, le lieu qui voit la phase donnée (n° 45) comme sa plus grande phase respective, voye à-la-fois le soleil (n° 31) à une plus grande hauteur sur l'horizon qu'aucun autre lieu compris sur le même dispositif.

Sol. Un symptôme de p, parvenu à son *maximum*, est (n° 31) $\sigma = 0$: faisons donc $\sigma = 0$ dans la quatrième équation du n° 56, elle deviendra cos. ϕ. tang. ϱ = tang. ψ. cot. z. Portons cette valeur de tang. ϱ dans la troisième équation, nous trouverons r. cos. z. tang. ψ = sin. u. cos. ϕ. cot. g.

Ou bien dans la seconde équation du n° 51, faisons (n° 31) $\epsilon = 90°$ et $p =$ comp. ϕ, nous aurons $r^2 n$. cos. $z = \xi$. (sin. u. cos. g. cos. ϕ. $-$ sin. g. sin. ϕ. cos. z).

73. *Scholie.* Quand Δ est connu, il est difficile de tirer z de cette équation,

équation, parce qu'elle est compliquée relativement à z ; mais quand z est donné, il est facile d'en tirer Δ. En effet, l'équation est soluble (n° 13) relativement à ϕ : quand on connoîtra r. sin. ϕ, on aura δ. sin. $a + \Delta$. sin. z, et conséquemment Δ.

74. *Exemple.* Dans l'éclipse du 1er. avril 1764, je suppose $z = 72°\ 37'\ 20''$, et conséquemment $u = 46°\ 6'\ 40''$, et je demande la valeur de Δ qui satisfait à l'équation du n° 72.

Sol. L'équation donne $\phi = 34°\ 50'$, d'où je conclus $\Delta = -$ tang. $10°\ 0'\ 10''$; ce qui désigne la phase de 7 doigts 58′ b, et puisque $p =$ comp. ϕ, on a $p = 55°\ 10'$.

75. *Scholie.* Puisque $\varepsilon = 90°$, j'ai (n° 20) $f = 331°\ 16'$; donc (n° 14, 1°. et 5°.) $l = 34°\ 36'\ 40''$ b., et $h = -19°\ 29'\ 20''$, ou $h = 10^h\ 42'\ 3''$ m. La troisième équation du n° 27 me donne $\lambda = -$ tang. $24°\ 36'\ 50''$: pour décrire λ, il falloit à la lune $0^h\ 54'\ 31''$; donc il étoit à Paris $10^h\ 17'\ 34''$ m., tandis que le lieu cherché comptoit $10^h\ 42'\ 3''$ m ; donc ce lieu étoit plus oriental que Paris de $0^h\ 24'\ 29''$, ou de $6°\ 7'\ 15''$.

Donc le lieu cherché avoit une latitude boréale de $34°\ 36'\ 40''$ avec une longitude orientale de $6°\ 7'\ 15''$, et il comptoit $10^h\ 42'\ 3''$ du matin. Il voyoit actuellement sa plus grande phase qui étoit de 7 doigts 58′ boréale ; il voyoit le soleil à la hauteur de $55°\ 10'$, et cette hauteur pour lui étoit plus grande que pour tout autre lieu qui a vu la même phase de 7 doigts 58′ boréale avec la même inclinaison de $72°\ 37'\ 20''$ de la ligne des centres sur l'orbite de la lune.

CHAPITRE IV.

De la relation entre les variables, quand l'instant de la plus grande phase est celui du lever ou du coucher du soleil.

76. *Prob.* DÉTERMINER la relation entre f ou ε, et u ou z, quand à-la-fois Δ est un *minimum*, et $p = o$.

Sol. Faisons $p = o$ dans les équations des n° 51 et 52, nous trouverons,

1°. $rn.\cos. z + \xi.\sin. g.\sin.(f + u) = o$; 2°. $rn.\cos. z + \xi.\sin. g.\sin.(\varepsilon + z) = o$;

3°. $\cot. u.(rn.\cos. a - \xi.\sin. f.\sin. g.) = r.(rn.\sin. a + \xi.\sin. g.\cos. f.)$;

4°. $\cot. z.(r^2 n + \xi.\sin. g.\sin. \varepsilon) + r\xi.\sin. g.\cos. \varepsilon = o$.

77. *Prob.* Déterminer la relation entre A et u ou z, quand à-la-fois Δ est un *minimum*, et $p = o$.

Sol. Faisons $p = o$ dans les équations des n°s 54 et 55, nous trouverons,

1°. $r^2 n.\cos. z + \xi.\sin. g.(\delta.\sin. u + \text{A}.\sin. z) = o$;

2°. $\cot. u(r^2 n.\cos. a - \xi \text{A}.\sin. a.\sin. g) = r^3 n.\sin. a + r\xi.\sin. g.(r\delta + \text{A}.\cos. a.)$;

3°. $\cot. z.(r^3 n + \delta\xi.\sin. a.\sin. g.) + r\xi.\sin. g.(r\text{A} + \delta.\cos. a.) = o$.

78. *Prob.* Déterminer la relation entre z et Δ, quand à-la-fois Δ est un *minimum* et $p = o$.

Sol. Dans la quatrième équation du n° 56, faisons (n° 9) $\sigma = 90°$; elle deviendra $r.\text{tang}. \psi = \pm \cos. \phi.\text{tang}. z$. Or ϕ et ψ sont fonctions de z et de Δ.

Ou bien dans l'équation (n° 29) $r.\sin. \phi = \sin. \varepsilon.\cos. p$. faisons $p = o$, elle deviendra $\varepsilon = \phi$; substituons cette valeur de ε dans la seconde équation du n° 76, nous aurons $rn.\cos. z + \xi.\sin. g.\sin.(\phi + z) = o$.

Ou bien dans l'équation du n° 28, faisons $p = o$; elle donnera $r.\sin. \varepsilon = \delta.\sin. a + \Delta.\sin. z$, et conséquemment $r.\cos. \varepsilon = \pm \sqrt{r^4 - (\delta.\sin. a + \Delta.\sin. z)^2}$; substituons ces valeurs de $\sin. \varepsilon$ et de $\cos. \varepsilon$ dans la seconde équation du n° 76, nous aurons $r^4 n + r\xi.\sin. g.(\delta.\sin. a + \Delta.\sin. z) = \pm \xi.\sin. g.\text{tang}. z.\sqrt{r^4 - (\delta.\sin. a + \Delta.\sin. z)^2}$.

79. *Scholie* 1. Il est difficile de résoudre aucune de ces équations relativement à z, parce qu'elles sont compliquées ; il vaut mieux donner

à z une valeur arbitraire, et vérifier si dans cette supposition la première équation du n° 56, et la seconde équation du n° 78, donnent à φ la même valeur.

Si z est connu, la seconde équation du n° 78 fournit facilement φ, et conséquemment Δ.

80. *Scholie* 2. Par les exemples qui suivent le n° 56, on voit qu'à $z = 90°$ répond $p = 8° \; 49'' \; 30''$, et qu'ensuite p croît à mesure que z décroît ; donc, dans les suppositions de ces exemples, aucune valeur de z ne donne $p = o$, ou bien à $z = 90°$ répond $\sigma = 80° \; 3' \; 30''$, ensuite σ décroît avec z ; donc aucune valeur de z ne donne $\sigma = 90°$.

81. *Prob.* Déterminer la relation entre ε et Δ, quand à-la-fois Δ est un *minimum* et $p = o$.

Sol. Dans l'équation trigonométrique $\frac{r^4}{\sin.^2. z} = r^2 + \cot.^2. z$, éliminons sin. z et cot. z avec l'équation du n° 28 réduite par la supposition de $p = o$, et avec la quatrième équation du n° 76, nous trouverons

$$\frac{\Delta.(r^2 n + \xi.\sin.g.\sin.\varepsilon)}{r.\sin.\varepsilon - \delta.\sin.a} = \pm (r^2 n^2 + \xi^2.\sin.^2.g + 2n\xi:\sin.g.\sin.\varepsilon)^{\frac{1}{2}}.$$

82. *Scholie.* Cette équation est du troisième dégré, relativement à sin. ε : au lieu de la résoudre, il vaut mieux donner à ε une valeur arbitraire, et vérifier si dans cette supposition l'équation du n° 28 et la quatrième équation du n° 76 donnent à z la même valeur.

83. *Prob.* Déterminer la relation entre Λ et f ou ε quand à-la-fois Δ est un *minimum* et $p = o$.

Sol. Egalons les valeurs de cot. u ou de cot. z données aux n°s 76 et 77, nous trouverons $r^2 n.\cos.\varepsilon - \xi\Lambda.\sin.g.\sin.\varepsilon + \delta\xi.\sin.f.\sin.g = rn.(r\Lambda + \delta.\cos.a)$.

84. *Prob.* Déterminer la relation entre Λ et Δ, quand à-la-fois Δ est un *minimum*, et $p = o$.

Sol. Faisons $p = o$ dans la troisième équation du n° 38, elle deviendra $r.\sin.^2.q = r\Delta^2 + 2\delta\Delta.\cos.u - 2\Lambda\Delta.\cos.z$; la seconde et la troisième équation du n° 77 donnent les valeurs de cot. u et de cot. z, et conséquemment aussi de cos. u et de cos. z : substituons ces valeurs de cos. u et de cos. z dans les termes $2\delta\Delta.\cos.u$ et $2\Lambda\Delta.\cos.z$, nous trouverons

$$\frac{2\Delta.(r\delta n.\sin.a + \xi.\sin.g.\cos.^2.q)}{\sin.^2.q - \Delta^2} = \pm$$
$$(r^4 n^2 + \xi^2.\sin.^2.g.\cos.^2.q + 2r\delta n\xi.\sin.a.\sin.g)^{\frac{1}{2}}.$$

85 *Scholie.* On résoudroit le même problême, en éliminant f et ε avec les équations des n°s 17 et 83, et avec la troisième équation du n° 39 réduite par la supposition de $p = o$, ou cos. $p = r$.

DE L'IMPRIMERIE DE BELIN, RUE JACQUES, N°. 22.

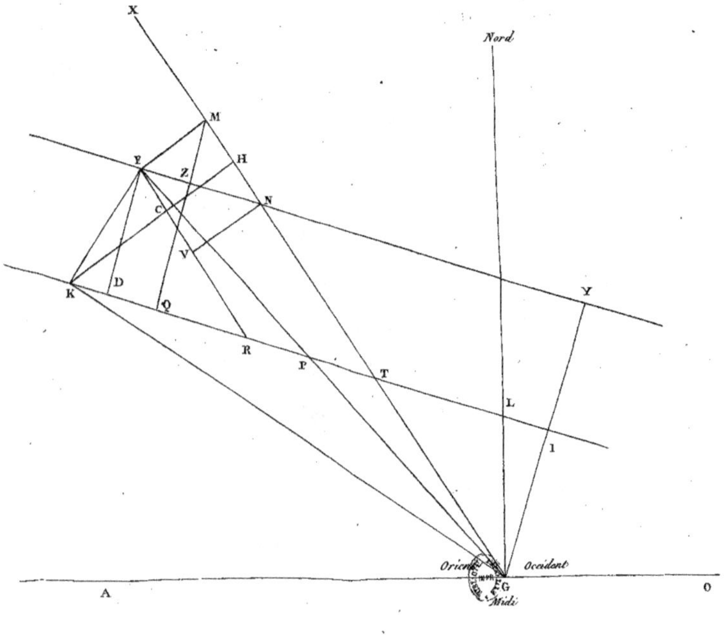
X
M
E
H
Z
C
N
V
Nord
K
D
Q
R
P
T
Y
L
I
Orient
Occident
A
G
O
Midi

PRÉFACE.

ÉTANT données trois parties d'un triangle sphérique obliquangle, on propose d'en déduire une quatrième. La première question a été de déterminer la relation entre quatre parties quelconques ; ce problême n'est susceptible que de trois combinaisons. On peut comparer, 1°. deux côtés et deux angles; 2°. trois côtés et un angle; 3°. trois angles et un côté. La seconde question a été de résoudre les équations relativement à chaque variable, et sur-tout de leur donner une solution facile et praticable. Chaque équation a trois termes. Si un angle ou un côté est de 90°, les termes se réduisent à deux et la solution devient bien simple. On en a conclu que pour calculer un triangle sphérique obliquangle, il faut le diviser en deux triangles sphériques rectangles, en abaissant de l'un des angles un arc perpendiculaire sur le côté opposé : l'angle et le côté divisés ont chacun deux segments, et chaque segment se détermine par une proportion. Cette méthode est très-bonne et très-suffisante : cependant M. Mauduit a remarqué qu'on peut demander l'expression de la partie entière. Il s'est proposé ce problême, et il l'a résolu dans sa *Trigonométrie sphérique*, édition de 1765, n°s. 219, 223, 224, 227 : mais il avoue aussitôt (n°. 219) que cette expression est trop compliquée, et qu'elle n'est d'aucun usage dans la pratique.

C'est ce même problême que j'ai repris et résolu : je donne à la partie inconnue une expression aussi simple que celle de chaque segment; j'y parviens par une route aussi courte que celle qui mène aux deux segments. Cette route, désirée pour les calculs et favorable aux logarithmes, consiste à procéder par une suite de proportions et à éviter les sommes et les différences. J'avertis quand la partie inconnue a deux valeurs et quand elle n'en a qu'une, ce qui n'a pas été développé suffisamment jusqu'ici. Je donne séparément chacune des deux racines. Je détermine surabondamment, par une proportion particulière, un autre angle qui est la somme ou la différence des deux racines. J'enseigne à distinguer et à reconnoître si c'est une somme ou une différence; mais après que chaque racine est déjà trouvée : mon but principal est de ne jamais employer une somme ou une différence d'arcs, soit connus, soit inconnus, pour amener une solution. C'est ce symptôme qui constitue mes nouvelles formules, et qui caractérise leur différence avec les anciennes.

Soit que les astronomes adoptent ces formules, soit qu'ils continuent de diviser le triangle proposé en deux triangles rectangles, il sera toujours vrai de dire qu'il est à propos de multiplier les méthodes et les formules. Chaque formule a son utilité particulière, et mérite la préférence sur toutes les autres quand elle est appliquée convenablement. Souvent un problème n'attend pour être résolu qu'un formule propre à cet usage; souvent une formule résoud des problêmes que l'auteur de la formule n'a ni prévus, ni connus. Enfin, toute spéculation géométrique a un mérite et un intérêt intrinsèques indépendamment de toute utilité : les géomètres ne liront pas sans intérêt et sans satisfaction l'énumération de toutes les manières dont les parties aigues ou obtuses peuvent être associées dans un triangle sphérique obliquangle, et cette relation secrète qui n'avoit pas encore été apperçue et analysée entre les propriétés d'un triangle sphérique et celles d'une ellipse. Ce sont de nouvelles lumières et une nouvelle richesse ajoutées à la trigonométrie sphérique.

TABLE

DES PROBLÈMES

DE TRIGONOMÉTRIE SPHÉRIQUE.

N°. 3. ÉTANT donnés deux côtés *AC, BC* avec l'angle compris *C*, déterminer le troisième côté *AB*.

N°s. 4 et 32. Étant donnés les trois côtés, déterminer un angle *C*.

N°. 11. Étant donnés deux angles *B* et *C* avec le côté compris *BC*, déterminer le troisième angle *A*.

N°s. 12 et 42. Étant donnés les trois angles, déterminer un côté *BC*.

N°s. 16 et 49. Étant donnés deux côtés *AB, BC* avec un angle compris *B*, déterminer un angle *C*, opposé au côté *AB*.

N°s. 17 et 56. Étant donnés deux angles *B* et *C* avec le côté compris *BC*, déterminer le côté *AB*, opposé à l'angle *C*.

N°. 31. Étant donnés deux côtés *AB, AC* avec un angle *C*, opposé au côté *AB*, déterminer le troisième côté *BC*.

N°. 41. Étant donnés deux angles *A* et *B* avec un côté *BC*, opposé à l'angle *A*, déterminer le troisième angle *C*.

N°. 48. Étant donnés deux côtés *AB, BC* avec l'angle *C*, opposé au côté *AB*, déterminer l'angle *B* compris entre les côtés *AB, BC*.

N°. 55. Étant donnés deux angles *B* et *C* avec le côté *AB*, opposé à l'angle *C*, déterminer le côté *BC*, appuyé sur les angles *B* et *C*.

Nota. Il ne faut point de méthode quand le problême se résoud par la proportion entre les *sinus* des angles et les *sinus* des côtés opposés.

USAGES DE L'ELLIPSE,

DANS

LA TRIGONOMÉTRIE SPHÉRIQUE.

CHAPITRE PREMIER.

Des problêmes indépendans de l'ellipse.

ARTICLE PREMIER.

Discussion de l'équation r.^{2} cos. AB = r. cos. AC. cos. BC + cos. C. sin. AC. sin. BC.

1. Si un terme de cette équation devient nul, l'équation est réduite à deux termes et n'a besoin d'aucune discussion; ce qu'il faut appliquer à toute équation de trois termes. Dans les autres cas, je donne à la proposée la forme suivante $r^3 =$ *cos. AB. sec. AC. sec. BC — cos. C. tang. AC. tang. BC:* ces signes supposent que les quatre parties sont aiguës, la partie qui devient obtuse change de signe. Dans le second membre, les signes des deux termes ne sont susceptibles que de trois combinaisons; on peut avoir 1° $r^3 = + -$, 2° $r^3 = - +$, 3° $r^3 = + +$: une combinaison qui donneroit $r^3 = - -$ seroit impossible. Je suppose l'angle *C* et

2

chacun des trois côtés alternativement aigu et obtus, et je remarque à quelle combinaison chaque supposition donne lieu : de cette énumération je concluds que dans un triangle sphérique *ABC*, si les quatre parties comparées sont l'angle *C* et les trois côtés, les parties aigues et obtuses sont nécessairement distribuées comme il suit :

aigus.	*Première combinaison.*	obtus.
AB, *AC*, *BC*, *C*	. . . .	o
AB, *C*	. . . .	*AC*, *BC*
BC.	. . . .	*AB*, *AC*, *C*.
AC	. . . .	*AB*, *BC*, *C*.

aigus.	*Seconde combinaison.*	obtus.
o	. . . .	*AB*, *AC*, *BC*, *C*.
AC, *BC*	. . . .	*AB*, *C*
AB, *AC*, *C*	. . . .	*BC*
AB, *BC*, *C*	. . . .	*AC*

aigus.	*Troisième combinaison.*	obtus.
AB, *AC*, *BC*	. . . .	*C*
BC, *C*	. . . .	*AB*, *AC*
AC, *C*	. . . .	*AB*, *BC*
AB.	. . . .	*AC*, *BC*, *C*

aigus.	*Combinaison impossible.*	obtus.
C	. . . .	*AB*, *AC*, *BC*.
AB, *AC*.	. . . .	*BC*, *C*.
AB, *BC*.	. . . .	*AC*, *C*.
AC, *BC*, *C*	. . . .	*AB*

2. Si je connois trois de ces parties, je lis sur cette table l'espèce de la quatrième. Si dans le second membre de l'équation un terme est positif et l'autre négatif, j'égale le terme positif à $r. sec.^2 \xi$ et le terme négatif à $r. tang.^2 \xi$: s'ils sont tous deux positifs, j'égale l'un à $r. sin.^2 \xi$, et l'autre à $r. cos.^2 \xi$: cela me donne une relation entre C et AB. Ainsi pour la première combinaison, je fais $cos. AB. sec. AC. sec. BC = r. sec.^2 \xi$, et $cos. C. tang. AC. tang. BC = r. tang.^2 \xi$: pour la seconde combinaison je fais $cos. C. tang. AC. tang. BC = r. sec.^2 \xi$, et $cos. AB. sec. AC. sec. BC = r. tang.^2 \xi$: pour la troisième combinaison, je fais $cos. AB. sec. AC. sec. BC = r. sin.^2 \xi$, et $cos. C. tang. AC. tang. BC = r. cos.^2 \xi$. Ces constructions me fournissent les solutions suivantes:

3. Prob. Étant donnés deux côtés *AB*, *BC* avec l'angle compris *C*, déterminer le troisième côté *AB*.

Première combinaison. Sol. Faites $r : cos. C :: tang. AC. tang. BC : tang.^2 \xi$, et $cos.^2 \xi : cos. AC. cos BC :: r : cos. AB$.

Seconde combinaison. Sol. Faites $cos. C : r :: cot. AC. cot. BC : cos.^2 \xi$, et $cot.^2 \xi : cos. AC. cos. BC :: r : cos. AB$.

Troisième combinaison. Sol. Faites $r : cos. C :: tang. AC. tang. BC : cos.^2 \xi$, et $r^2 : sin.^2 \xi :: cos. AC. cos. BC : r. cos. AB$.

4. Prob. Étant donnés les trois côtés, déterminer un angle *C*. *Voyez n°* 32.

Première combinaison. Sol. Faites $cos. AB : r :: cos. AC. cos. BC : cos.^2 \xi$, et $tang. AC. tang. BC : tang.^2 \xi :: r : cos. C$.

Seconde combinaison. Sol. Faites $cos. AB : r :: cos. AC. cos. BC : cot.^2 \xi$, et $cos.^2 \xi : cot. AC. cot. BC :: r : cos. C$.

Troisième combinaison. Sol. Faites $cos. AC. cos. BC : r. cos. AB :: r^2 : sin.^2 \xi$, et $tang. AC. tang. BC : cos.^2 \xi :: r : cos. C$.

5. Exemple i. Soit $AC = 41° 9' 50''$, $BC = 123° 55' 10''$, $C = 16° 10'$, et cherchons AB. J'ai AC et C aigus avec BC obtus : je suis donc dans la seconde combinaison si AB est aigu, et dans la troisième si AB et obtus. La seconde combinaison donne $\xi = 26° 30' 30''$, et $AB = 84°$: la troisième donne $cos. \xi > r$, et conséquemment ne donne rien.

6. Exemple ii. Soit $AC = 41° 9' 50''$, $BC = 43° 52' 20''$, $C = 163° 50'$, et cherchons AB. J'ai AC et BC aigus avec C obtus : je suis dans la seconde combinaison si AB est obtus, et dans la troisième si AB est aigu. La seconde combinaison donne $cos. \xi > r$, et conséquemment ne donne rien : la troisième donne $\xi = 26° 2' 10''$, et $AB = 84°$.

7. Exemple iii. Soit $AB = 41° 9' 50''$, $AC = 96° 50'$, $BC = 90°$: on a $sin. BC = r$, et $cos. BC = o$: l'équation devient $r. cos. AB = cos. C. sin. AC$ et donne $C = 40° 42'$.

8. Exemple iv. Soit $AB = 41° 9' 50''$, $AC = 96° 50'$, $BC = 108°$, et cherchons C. J'ai AB aigu avec AC et BC obtus : je suis dans la première combinaison si C est aigu, et dans la troisième si C et obtus. La première combinaison donne $\xi = 77° 14'$, et $C = 40° 42'$: la troisième donne $sin. \xi > r$, et conséquemment ne donne rien.

ARTICLE SECOND.

Discussion de l'équation $r.^2 \cos. A = \sin. B. \sin. C. \cos. BC - r. \cos. B. \cos. C.$

9. Je lui donne la forme suivante : $r^3 = tang. B. tang. C. cos. BC - cos. A. sec. B. sec. C.$ La combinaison des signes fournit la table ci-jointe.

aigus.	*Première combinaison.*	obtus.
A, B, C, BC	. . . .	o
A, BC	. . . .	*B, C*
C	. . . .	*A, B, BC*
B	. . . .	*A, C, BC*

aigus.	*Seconde combinaison.*	obtus.
o	. . . .	*A, B, C, BC.*
B, C	. . . .	*A, BC*
A, B, BC	. . . .	*C*
A, C, BC	. . . .	*B*

aigus.	*Troisième combinaison.*	obtus.
BC	. . . .	*A, B, C*
A, B	. . . .	*BC, C.*
A, C	. . . .	*BC, B.*
B, C, BC	. . . .	*A*

aigus.	*Combinaison impossible.*	obtus.
A, B, C	. . . .	*BC* . .
BC, C	. . . .	*A, B* . .
BC, B	. . . .	*A, C* . .
A.	. . . .	*B, C, BC* .

10. Pour la première combinaison, je fais *tang. B. tang. C. cos. BC* = *r. sec.*² ξ, et *cos. A. sec. B. sec. C* = *r. tang.*² ξ : pour la seconde combinaison, je fais *cos. A. sec. B. sec. C* = *r. sec.*² ξ, et *tang. B. tang. C. cos. BC* = *r. tang.*² ξ : pour la troisième combinaison, je fais *tang. B. tang. C. cos. BC* = *r. sin.*² ξ, et *cos. A. sec. B. sec. C* = *r. cos.*² ξ. Cette analyse me donne une relation entre *A* et *BC*, et résoud les problêmes suivans.

11. Etant donnés deux angles *B* et *C* avec le côté compris *BC*, déterminer le troisieme angle *A*.

Première combinaison. Sol. Faites *cos. BC* : *r* :: *cot. B. cot. C* : *cos.*² ξ, et *cot.*² ξ : *cos. B. cos. C* :: *r* : *cos. A*.

Seconde combinaison. Sol. Faites *r* : *cos. BC* :: *tang. B. tang. C* : *tang.*² ξ, et *cos.*² ξ : *cos. B. cos. C* :: *r* : *cos. A*.

Troisième combinaison. Sol. Faites *r* : *cos. BC* :: *tang. B. tang. C* : *sin.*² ξ, et *r*² : *cos*². ξ :: *cos. B. cos. C* : *r. cos. A*.

12. Prob. Etant donnés les trois angles, déterminer un côté *BC*. *Voyez n°* 42.

Première combinaison. Sol. Faites *cos. A* : *r* :: *cos. B. cos. C* : *cot.*² ξ, et *cos.*² ξ : *cot. B. cot. C* :: *r* : *cos. BC*.

Seconde combinaison. Sol. Faites $\cos. A : r :: \cos. B. \cos. C : \cos.^2 \xi$, et $\tan g. B. \tan g. C : \tan g.^2 \xi :: r : \cos. BC$.

Troisième combinaison. Sol. Faites $\cos. B. \cos. C : r. \cos. A :: r^2 : \cos.^2 \xi$, et $\tan g. B. \tan g. C : \sin.^2 \xi :: r : \cos. BC$.

13. Exemple. Soit $A = 11° 11' 20''$, $B = 10° 37' 10''$, $C = 163° 50'$, et cherchons BC. J'ai A et B aigus avec C obtus : je suis dans la seconde combinaison si BC est aigu, et dans la troisième si BC est obtus. La seconde combinaison donne $\xi = 11° 11' 50''$, et $BC = 43° 52' 20''$: la troisième donne $\cos. \xi > r$, et conséquemment ne donne rien.

ARTICLE TROISIÈME.

Discussion de l'équation cos. BC. cos. B = sin. BC. cot. AB — sin. B. cot. C.

14. Je lui donne la forme suivante $r^3 = \tan g. BC. \cot. AB. \sec. B - \tan g. B. \cot. C. \sec. BC$. La combinaison des signes me fournit la table ci-jointe.

aigus.	*Première combinaison.*	obtus.
AB, BC, B, C		o
AB, C		BC, B.
B.		AB, BC, C.
BC		AB, B, C.

aigus.	*Seconde combinaison.*	obtus.
o	. . . .	AB, BC, B, C
BC, B	. . . .	AB, C
AB, BC, C	. . . .	B
AB, B, C	. . . .	BC

aigus.	*Troisième combinaison.*	obtus.
AB, BC, B	. . . .	C
BC, C	. . . .	AB, B
B, C	. . . .	AB, BC
AB	. . . .	BC, B, C

aigus	*Combinaison impossible.*	obtus.
C	. . . .	AB, BC, B
AB, B	. . . .	BC, C
AB, BC	. . . .	B, C
BC, B, C	. . . .	AB

15. Pour la première combinaison, je fais $tang.\ BC.\ cot.\ AB.\ sec.\ B = r.\ sec.^2\ \xi$, et $tang.\ B.\ cot.\ C.\ sec.\ BC = r.\ tang.^2\ \xi$: pour la seconde combinaison, je fais $tang.\ B.\ cot.\ C.\ sec.\ BC = r.\ sec.^2\ \xi$, et $tang.\ BC.\ cot.\ AB.\ sec.\ B = r.\ tang.^2\ \xi$: pour la troisième combinaison, je fais $tang.\ BC.\ cot.\ AB.\ sec.\ B = r.\ sin.^2\ \xi$, et $tang.\ B.\ cot.\ C.\ sec.\ BC = r.\ cos.^2\ \xi$. Cela me donne une relation entre AB et C, et résoud les problêmes suivans.

16. PROB. Étant donnés deux côtés AB, BC avec un angle compris B, déterminer un angle C, opposé au côté AB. *Voyez n° 49.*

Première combinaison. SOL. Faites $tang. BC : tang. AB :: r. cos. B : cos.^2 \xi$, et $r. cos. BC : cot.^2 \xi :: tang. B : tang. C$.

Seconde combinaison. SOL. Faites $tang. BC : tang. AB :: r. cos. B : cot.^2 \xi$, et $r. cos. BC : cos.^2 \xi :: tang. B : tang. C$.

Troisième combinaison. SOL. Faites $cos. B : cot. AB :: r. tang. BC : sin.^2 \xi$, et $tang. B : cos. BC :: cos.^2 \xi : r. cot. C$.

17. PROB. Étant donnés deux angles B et C avec le côté compris BC, déterminer le côté AB, opposé à l'angle C. *Voyez n° 56.*

Première combinaison. SOL. Faites $tang. B : tang. C :: r. cos. BC : cot.^2 \xi$, et $r. cos. B : cos.^2 \xi :: tang. BC : tang. AB$.

Seconde combinaison. SOL. Faites $tang. B : tang. C :: r. cos. BC : cos.^2 \xi$, et $r. cos. B : cot.^2 \xi :: tang. BC : tang. AB$.

Troisième combinaison. SOL. Faites $cos. BC : tang. B :: r. cot. C : cos.^2 \xi$, et $r. tang. BC : sin.^2 \xi :: cos. B : cot. AB$.

18. EXEMPLE. Soit $AB = 84°$, $BC = 43° 52' 20''$, $B = 10° 37' 10''$, et cherchons C. J'ai AB, BC, et B aigus: je suis dans la première combinaison si C est aigu, et dans la troisième si C est obtus. La première combinaison donne $cos. \xi > r$, et conséqu'emment ne donne rien : la troisième donne $\xi = 18° 42' 10''$, et $C = 163° 50'$.

CHAPITRE II.

Propriétés de l'ellipse.

19. Soit r le sinus total et à la fois le demi grand axe d'une ellipse, $sin.\ \gamma$ le demi petit axe, $cos.\ \gamma$ la demie excentricité, z l'angle du grand axe avec le rayon vecteur partant du foyer, m l'angle du grand axe avec la tangente à l'ellipse, n l'angle de la tangente à l'ellipse avec la rayon vecteur, φ l'arc de l'excentrique : on aura 1° $r.\ cos.\ z + sin.\ z.\ tang.\ m - r.\ cos.\ \gamma = 0$, 2° $r.\ cos.\ z + sin.\ z.\ tang.\ n - r.\ sec.\ \gamma = 0$, 3° $r.\ cos.\ n = cos.\ \gamma.\ cos.\ m$, 4° $r.\ sin.\ \varphi = tang.\ \gamma.\ cot.\ n$, 5° $r.\ tang.\ \varphi = sin.\ \gamma.\ cot.\ m$, 6° $r.\ sin.\ m = sin.\ n.\ cos.\ \varphi$, 7° $r.\ tang.\ \frac{1}{2}\ z = tang.\ \frac{1}{2}\ \gamma\ \begin{smallmatrix} tang. \\ cot. \end{smallmatrix}\ \frac{1}{2}\ \varphi$.

20. La première et la seconde équations représentent toute équation qui ne contient $sin.\ z$ et $cos.\ z$ qu'au premier degré et sans mélange, suivant que le dernier terme est plus petit ou plus grand que le sinus total.

Solution de l'équation $r.\ cos.\ z + sin.\ z.\ tang.\ m - r.\ cos.\ \gamma = 0$. Faites $r : cot.\ m :: sin.\ \gamma : tang.\ \varphi$, et $r : tang.\ \frac{1}{2}\ \gamma :: \begin{smallmatrix} tang. \\ cot. \end{smallmatrix}\ \frac{1}{2}\ \varphi : tang.\ \frac{1}{2}\ z$.

Solution de l'équation $r.\ cos.\ z + sin.\ z.\ tang.\ n - r.\ sec.\ \gamma = 0$. Faites $r : cot.\ n :: tang.\ \gamma : sin.\ \varphi$, et $r : tang.\ \frac{1}{2}\ \gamma :: \begin{smallmatrix} tang. \\ cot. \end{smallmatrix}\ \frac{1}{2}\ \varphi : tang.\ \frac{1}{2}\ z$.

21. Quand on a $cos.\ \gamma = sec.\ \gamma = r$, les équations à ré-

soudre deviennent $tang.\ m = tang.\ n = cosec.\ z - cot.\ z = tang.\ \frac{1}{2} z$; donc alors $m = n = \frac{1}{2} z$.

22. Quand m, n, ou γ est obtus, il faut avoir égard aux changemens qui en résultent, soit pour le signe des termes, soit pour l'espèce des angles.

23. Ces équations ont chacune deux racines, parce que dans la seconde proportion on employe successivement $tang.\ \frac{1}{2}\varphi$, et $cot.\ \frac{1}{2}\varphi$. Soit z la première racine et ζ la seconde; on aura $r.\ tang.\ \frac{1}{2} z = tang.\ \frac{1}{2}\gamma.\ tang.\ \frac{1}{2}\varphi$ et $r.\ tang.\ \frac{1}{2}\zeta = tang.\ \frac{1}{2}\gamma.\ cot.\ \frac{1}{2}\varphi$: de là je concluds que $cot.\ (\frac{1}{2} z - \frac{1}{2}\zeta) = \frac{r.\ tang.\ \varphi}{sin.\ \gamma} = cot.\ m$, et que $cot.\ (\frac{1}{2} z + \frac{1}{2}\zeta) = \frac{r.\ sin.\ \varphi}{tang.\ \gamma} = cot.\ n$. Donc dans la première équation m est la demie différence des racines, et dans la seconde n est leur demie somme.

24. Si on prend m ou n pour la quantité inconnue, les proportions du n° 20 donnent $tang.\ \frac{1}{2}\gamma : tang.\ \frac{1}{2} z :: r : \begin{matrix} tang. \\ cot. \end{matrix} \frac{1}{2}\varphi$, et $sin.\ \gamma : tang.\ \varphi :: r : cot.\ m$, ou $tang.\ \gamma : sin.\ \varphi :: r : cot.\ n$. On ne trouve pour m ou pour n qu'une seule racine et non pas deux, quoique dans la première proportion on employe indifféremment $tang.\ \frac{1}{2}\varphi$, ou $cot.\ \frac{1}{2}\varphi$: la raison en est que si deux demis angles sont complémens l'un de l'autre, les angles mêmes sont supplémens l'un de l'autre, et conséquemment ont le même sinus et la même tangente; donc il n'en résulte aucun changement pour la seconde proportion.

25. Puisque $n = \frac{1}{2} z + \frac{1}{2}\zeta$, et $m = \frac{1}{2} z - \frac{1}{2}\zeta$, on a $n + m = z$ et $n - m = \zeta$, ce qui est d'ailleurs évident par la défi-

nition même des angles m, n, z et ζ. Donc l'équation (nº 19) $r.\ cos.\ n = cos.\ \gamma\ cos.\ m$ devient $r.\ cos.\ (z - m) = cos.\ \gamma.\ cos.\ m$, ou $r.\ cos.\ n = cos.\ \gamma\ cos.\ (z - n)$. Si on prend γ pour la quantité inconnue, on donne z avec m ou n : donc on a $cos.\ m : cos.\ (z - m) :: r : cos.\ \gamma$ ou $cos.\ (z - n) : cos.\ n :: r : cos.\ \gamma$.

26. Si j'ai à résoudre l'équation $a.\ sin.^2\ z + b.\ sin.\ z.\ cos.\ z + c.\ cos.^2\ z - gr.^2 = 0$, je substitue 1º $\frac{r}{2}.(r - cos.\ 2z)$ à $sin.^2\ z$, 2º $\frac{r}{2}.(r + cos.\ 2z)$ à $cos.^2\ z$, 3º $\frac{r}{2}.\ sin.\ 2z$ à $sin.\ z.\ cos.\ z$; la proposée devient $(a - c).\ cos.\ 2z - b.\ sin.\ 2z = r.(a + c - 2g)$, ce qui la ramène à l'un des deux modèles du nº 20.

CHAPITRE III.

Application de l'ellipse aux triangles sphériques.

ARTICLE PREMIER.

Discussion de l'équation $r.^2\ cos.\ AB. = r.\ cos.\ AC.\ cos.\ BC + cos.\ C.\ sin.\ AC.\ sin.\ BC.$

Premier cas lorsque $cos.\ AC > cos.\ AB.$

27. Je fais $r.\ cos.\ AB = cos.\ AC.\ cos.\ \gamma$, $cos.\ C.\ tang.\ AC = r.\ tang.\ m$, et $BC = z$: l'équation devient $r.\ cos.\ z + sin.\ z.\ tang.\ m - r.\ cos.\ \gamma = 0$. Donc pour la résoudre relativement à z (nº 20) il faut faire 1º $cos.\ AC : cos.\ AB :: r : cos.\ \gamma$, 2º $cos.\ C : cot.\ AC :: sin.\ \gamma : tang.\ \varphi$, 3º $r : tang.\ \frac{1}{2}\gamma :: \frac{tang.}{cot.}\ \frac{1}{2}\varphi : tang.\ \frac{1}{2}\ BC.$

La demie différence des racines est donnée (n° 23) par la proportion $r : cos. C :: tang. AC : tang. \frac{1}{2} (BC - bc)$.

Si c'est l'angle C qu'on veuille conclure du côté BC, on a (n° 24) 1° $cos. AC : cos. AB :: r : cos. \gamma$, 2° $tang. \frac{1}{2} \gamma : tang. \frac{1}{2} BC :: r : \frac{tang.}{cot.} \frac{1}{2} \varphi$, 3° $tang. \varphi : sin. \gamma :: cot. AC : cos. C$.

Second cas lorsque cos. AB $>$ cos. AC.

28. Je fais $r. cos. AC = cos. AB. cos. \gamma, cos. C. tang. AC = r. tang. n$, et $BC = z$: l'équation devient $r. cos. z + sin. z. tang. n - r. sec. \gamma = 0$. Donc pour la résoudre relativement à z, il faut faire 1° $cos. AB : cos. AC :: r : cos. \gamma$, 2° $cos. C : cot. AC :: tang. \gamma : sin. \varphi$. 3° $r : tang. \frac{1}{2} \gamma :: \frac{tang.}{cot.} \frac{1}{2} \varphi : tang. \frac{1}{2} BC$.

La demie somme des racines est donnée par la proportion $r : cos. C :: tang. AC : tang. \frac{1}{2} (BC + bc)$.

Si c'est l'angle C qu'on veuille conclure du côté BC, on a 1° $cos. AB : cos. AC :: r : cos. \gamma$, 2° $tang. \frac{1}{2} \gamma : tang. \frac{1}{2} BC :: r : \frac{tang.}{cot.} \frac{1}{2} \varphi$, 3° $sin. \varphi : tang. \gamma :: cot. AC : cos. C$.

Troisième cas lorsque cos. AB = cos. AC.

29. L'équation (n° 21) devient $cos. C. tang. AC = r. tang. \frac{1}{2} BC$.

30. Quand AB et AC sont de même espèce, γ est aigu ; quand ils sont d'espèce différente (n° 22), γ est obtus : φ est indifféremment (n° 24) aigu ou obtus : $\frac{1}{2} BC$ est toujours aigu. Cette discussion résoud les problêmes suivans.

31. **Prob.** Étant donnés deux côtés *AB*, *AC* avec un angle *C*, opposé au côté *AB*, déterminer le troisième côté *BC*.

Premier cas lorsque cos. AC $>$ cos. AB.

Sol. Faites 1° *cos. AC* : *cos. AB* :: *r* : *cos.* γ, 2° *cos. C* : *cot. AC* :: *sin.* γ : *tang.* φ, 3° *r* : *tang.* $\frac{1}{2}\gamma$ :: $\frac{tang.}{cot.}$ $\frac{1}{2}\varphi$: *tang.* $\frac{1}{2}$ *BC*.

La demie différence des racines est donnée par la proportion *r* : *cos. C* :: *tang. AC* : *tang.* $\frac{1}{2}$ (*BC* — *bc*).

Second cas lorsque cos. AB $>$ cos. AC.

Sol. Faites 1° *cos. AB* : *cos. AC* :: *r* : *cos.* γ, 2° *cos. C* : *cot. AC* :: *tang.* γ : *sin.* φ, 3° *r* : *tang.* $\frac{1}{2}\gamma$ :: $\frac{tang.}{cot.}$ $\frac{1}{2}\varphi$: *tang.* $\frac{1}{2}$ *BC*.

La demie somme des racines est donnée par la proportion *r* : *cos. C* :: *tang. AC* : *tang.* $\frac{1}{2}$ (*BC* + *bc*).

Troisième cas lorsque cos. AB = cos. AC.

Sol. Faites *r* : *cos. C* :: *tang. AC* : *tang.* $\frac{1}{2}$ *BC*.

32. **Prob.** Étant donnés les trois côtés, déterminer un angle *C*. *Voyez n°* 4.

Premier cas lorsque cos. AC $>$ cos. AB.

Sol. Faites 1° *cos. AC* : *cos. AB* :: *r* : *cos.* γ, 2° *tang.* $\frac{1}{2}\gamma$: *tang.* $\frac{1}{2}$ *BC* :: *r* : $\frac{tang.}{cot.}$ $\frac{1}{2}\varphi$, 3° *tang.* φ : *sin.* γ :: *cot. AC* : *cos. C*.

Second cas lorsque cos. AB > cos. AC.

SOL. Faites 1° *cos. AB : cos. AC :: r : cos.* γ, 2° *tang.* $\frac{1}{2}\gamma$: *tang.* $\frac{1}{2}$*BC :: r :* $\frac{tang.}{cot.}\frac{1}{2}\varphi$, 3° *sin.* φ *: tang.* γ *:: cot. AC : cos. C.*

Troisième cas lorsque cos. AB = cos. AC.

SOL. Faites *tang. AC : tang.* $\frac{1}{2}$ *BC :: r : cos. C.*

33. EXEMPLE I. Soit *AB* = 84°, *AC* = 41° 9′ 50″, *C* = 16° 10′, et cherchons *BC*. Parce que *cos. AC* > *cos. AB* je suis dans le premier cas, et parce que *AB* et *AC* sont de même espèce, γ (n° 30) est aigu. La première proportion donne γ = 82° 1′ 10″, et $\frac{1}{2}\gamma$ = 41° 0′ 35″ : la seconde donne φ = 49° 42′ 10″, et $\frac{1}{2}\varphi$ = 24° 51′ 5″ : la troisième donne $\frac{1}{2}$ *BC* = 61° 57′ 35″; et $\frac{1}{2}$ *BC* = 21° 56′ 10″. Donc les deux valeurs de *BC* sont 123° 55′ 10″, et 43° 52′ 20″. On trouve 40° 1′ 25″ pour demie différence des racines, et 80° 2′ 50″ pour différence.

Remarquons que la racine 43° 52′ 20″ répond au supplément de *C* ou à *C* = 163° 50′, et non pas à *C* = 16° 10′ : cela vient de ce que *tang.* $\frac{1}{2}\varphi$ et *cot.* $\frac{1}{2}\varphi$ (n° 24) ont les mêmes valeurs, soit que je fasse *C* = 16° 10′, ou *C* = 163° 50′. En effet, si on suppose *AC* = 41° 9′ 50″, *BC* = 43° 52′ 20″, *C* = 163° 50′ la méthode du n° 3 donne (n° 6) *AB* = 84° ; au lieu que si on suppose *AC* = 41° 9′ 50″, *BC* = 43° 52′ 20″, *C* = 16° 10′, elle donne (1ere comb.) ξ = 41° 56′ 25″, et *AB* = 11° 13′ 50″.

Concevons bien aussi que de deux points pris sur la sphère terrestre, si l'un a 16° 10′, et l'autre 196° 10′ de longitude orientale, ces deux points sont situés sous le même méridien, et conséquemment doivent être indiqués par la même supposition, or 196° 10′ de longitude orientale équivalent à 163° 50′ de longitude occidentale.

34. Exemple II. Soit $AB = 41° 9' 50''$, $AC = 96° 50'$, $C = 40° 42'$, et cherchons BC. Parce que $\cos. AB > \cos. AC$ je suis dans le second cas, et parce que AB et AC sont d'espèce différente, γ (n° 30) est obtus. La première proportion donne $\gamma = 99° 5' 40''$, et $\frac{1}{2}\gamma = 49° 32' 50''$: la seconde donne $\varphi = 80° 54' 20''$, et $\frac{1}{2}\varphi = 40° 27' 10''$. Puisque $\frac{1}{2}\varphi$ est complément de $\frac{1}{2}\gamma$, on a $tang. \frac{1}{2}\gamma . tang. \frac{1}{2}\varphi = tang. \frac{1}{2}\gamma . cot. \frac{1}{2}\gamma = r^2 = r . tang. \frac{1}{2}BC$, donc $tang. \frac{1}{2}BC = r = tang. 45°$; donc une des valeurs de BC est 90°. La seconde valeur est donnée par l'équation $tang. \frac{1}{2}\gamma \; cot. \frac{1}{2}\varphi = tang.^2 \frac{1}{2}\gamma = r. tang. \frac{1}{2}BC$; donc $\frac{1}{2}BC = 54°$, et $BC = 108°$. On trouve 99° pour la demie somme des racines, et 198° pour la somme. L'angle C est aigu pour les deux valeurs de BC.

35. Exemple III. Soit $AB = 84°$, $AC = 41° 9' 50''$, $BC = 123° 55' 10''$; $\frac{1}{2}BC = 61° 57' 35''$, et cherchons C. La première proportion donne $\gamma = 82° 1' 10''$, et $\frac{1}{2}\gamma = 41° 0' 35''$: la seconde donne $\frac{1}{2}\varphi = 24° 51' 5''$, et $\frac{1}{2}\varphi = 65° 8' 55''$, donc $\varphi = 49° 42' 10''$, ou $\varphi = 130° 17' 50''$: la troisième (n° 24) donne $C = 16° 10'$.

36. Exemple IV. Soit $AB = 41° 9' 50''$, $AC = 96° 50'$, $BC = 108°$, $\frac{1}{2}BC = 54°$, et cherchons C. La première pro-

portion donne $\gamma = 99^\circ\ 5'\ 40''$, et $\frac{1}{2}\gamma = 49^\circ\ 32'\ 50''$: la seconde donne $\frac{1}{2}\phi = 40^\circ\ 27'\ 10''$, et $\frac{1}{2}\phi = 49^\circ\ 32'\ 50''$: donc $\phi = 80^\circ\ 54'\ 20''$, ou $\phi = 99^\circ\ 5'\ 40''$: la troisième donne $C = 40^\circ\ 42'$.

ARTICLE SECOND.

Discussion de l'équation r.² cos. A = sin. B. sin. C. cos. BC − r. cos. B. cos. C.

Premier cas lorsque cos. B > cos. A.

37. Je fais *r. cos. A = cos. B. cos. γ, cos. BC. tang. B = r. tang. m*, et *C = z* : l'équation devient *r. cos. z − sin. z. tang. m + r. cos. γ = o.*

Second cas lorsque cos. A > cos. B.

38. Je fais *r. cos. B = cos. A. cos. γ, cos. BC. tang. B = r. tang. n*, et *C = z* : l'équation devient *r. cos. z − sin. z. tang. n + r. sec. γ = o.*

Troisième cas lorsque cos. A = cos. B.

39. L'équation (n° 21) devient *cos. BC. tang. B = r. tang.* $\frac{1}{2}$ *C.*

40. Si les angles *A* et *B* sont de même espèce, γ (n° 22) est obtus ; s'ils sont d'espèce différente, γ est aigu. La supposition primitive est ici que *B* et *BC* soient d'espèce différente, mais peu importe pour l'espèce de l'angle φ qui est

indifféremment aigu ou obtus ; $\frac{1}{2}C$ est toujours aigu. Cette discussion résoud les problêmes suivans :

41. PROB. Étant donnés deux angles *A* et *B* avec un côté *BC*, opposé à l'angle *A*, déterminer le troisième angle C.

Premier cas lorsque cos. B > cos. A.

SOL. Faites 1° *cos. B : cos. A :: r : cos.* γ; 2° *cos. BC : cot. B :: sin.* γ *: tang.* φ; 3° *r : tang.* $\frac{1}{2}\gamma$ :: $\frac{tang.}{cot.}$ $\frac{1}{2}\varphi$: *tang.* $\frac{1}{2}$ *C.*

La demie différence des racines est donnée par la proportion *r : cos. BC :: tang. B : tang.* $\frac{1}{2}(C-c)$.

Second cas lorsque cos. A > cos. B.

SOL. Faites 1° *cos. A : cos. B :: r : cos.* γ; 2° *cos. BC : cot. B :: tang.* γ *: sin.* φ; 3° *r : tang.* $\frac{1}{2}\gamma$ :: $\frac{tang.}{cot.}$ $\frac{1}{2}\varphi$: *tang.* $\frac{1}{2}$ *C.*

La demie somme des racines est donnée par la proportion *r : cos. BC :: tang. B : tang.* $\frac{1}{2}(C+c)$.

Troisième cas lorsque cos. A = cos. B.

SOL. Faites *r : cos. BC :: tang. B : tang.* $\frac{1}{2}$ *C.*

42. PROB. Étant donnés les trois angles, déterminer un côté *BC*. *Voyez n°* 12.

Premier cas lorsque cos. B > cos. A.

SOL. Faites 1° *cos. B : cos. A :: r : cos.* γ; 2° *tang.* $\frac{1}{2}\gamma$ *: tang.* $\frac{1}{2}$ *C :: r :* $\frac{tang.}{cot.}$ $\frac{1}{2}\varphi$; 3° *tang.* φ *: sin.* γ *:: cot. B : cos. BC.*

Second cas lorsque cos. $A > \cos. B$.

SOL. Faites 1° $cos. A : cos. B :: r : cos. \gamma$; 2° $tang. \frac{1}{2}\gamma : tang. \frac{1}{2}C :: r : \frac{tang.}{cot.} \frac{1}{2}\varphi$; 3° $sin. \varphi : tang. \gamma :: cot. B : cos. BC$.

Troisième cas lorsque cos. $A = \cos. B$.

SOL. Faites $tang. B : tang. \frac{1}{2} C :: r : cos. BC$.

43. EXEMPLE. Soit $A = 11° 11' 20''$, $B = 10° 37' 10''$, $BC = 43° 52' 20''$, et cherchons C. Parce que $cos. B > cos. A$ je suis dans le premier cas, et parce que les angles A et B sont de même espèce, γ (n° 40) est obtus. La première proportion donne $\gamma = 176° 27' 20''$, et $\frac{1}{2}\gamma = 88° 13' 40''$: la seconde donne $\varphi = 24° 34' 44''$, et $\frac{1}{2}\varphi = 12° 17' 22''$: la troisième donne $\frac{1}{2}C = 81° 55'$, et $\frac{1}{2}C = 89° 36' 50''$. Donc les deux valeurs de C sont 163° 50′, et 179° 13′ 40″. On trouve 7° 41′ 50″ pour demie différence des racines, et 15° 23′ 40″ pour différence.

Remarquons que la racine $C = 179° 13' 40''$ répond au supplément de BC ou à $BC = 136° 7' 40''$, et non pas à $BC = 43° 52' 20''$: voici comment j'en suis averti. Dans les deux suppositions j'ai A et B aigus avec C obtus; la table du n° 9 m'apprend que BC est aigu si je suis dans la seconde combinaison; c'est-à-dire si j'ai $r. cos. A > cos. B. cos. C$, et que BC est obtus si je suis dans la troisième combinaison; c'est-à-dire si j'ai $cos. B. cos. C > r. cos. A$: Or en supposant $A = 11° 11' 20''$, et $B = 10° 37' 10''$, j'ai $r. cos. A >$

$cos. B. cos. C$ si $C = 163° 50'$, et j'ai $cos. B. cos. C > r. cos. A$ si $C = 179° 13' 40''$: donc la racine $C = 163° 50'$ répond à $BC = 43° 52' 20''$, et la racine $C = 179° 13' 40''$ répond à $BC = 136° 7' 40''$.

ARTICLE TROISIÈME.

Discussion de l'équation cos. BC. cos. B = sin. BC. cot. AB — sin. B. cot. C.

Premier cas lorsque tang. AB > tang. BC.

44. Je fais $r. tang. BC = tang. AB. cos. \gamma$, $r. cot. C = cos. BC. tang. m$, et $B = z$: l'équation devient $r. cos. z + sin. z. tang. m - r. cos. \gamma = 0$.

Second cas lorsque tang. BC > tang. AB.

45. Je fais $r. tang. AB = tang. BC. cos. \gamma$, $r. cot. C = cos. BC. tang. n$, et $B = z$: l'équation devient $r. cos. z + sin. z\ tang. n - r. sec. \gamma = 0$.

Troisième cas lorsque tang. AB = tang. BC.

46. L'équation (n° 21) devient $r. cot. C = cos. BC. tang. \frac{1}{2} B$.

47. Quand AB et BC sont de même espèce, γ est aigu; quand ils sont d'espèce différente, γ est obtus : φ est indifféremment (n° 24) aigu ou obtus : $\frac{1}{2} B$ est toujours aigu. Cette discussion résoud les problèmes suivans :

48. PROB. Étant donnés deux côtés AB, BC avec l'angle C, opposé au côté AB, déterminer l'angle B, compris entre les côtés AB, BC.

Premier cas lorsque tang. AB $>$ tang. BC.

SOL. Faites 1° $tang.\ AB : tang.\ BC :: r : cos.\ \gamma$; 2° $cot.\ C : cos.\ BC :: sin.\ \gamma : tang.\ \varphi$; 3° $r : tang.\ \frac{1}{2}\gamma :: \frac{tang.}{cot.}\ \frac{1}{2}\varphi : tang.\ \frac{1}{2}B$.

La demie différence des racines est donnée par la proportion $cos.\ BC : cot.\ C :: r : tang.\ \frac{1}{2}(B - b)$.

Second cas lorsque tang. BC $>$ tang. AB.

SOL. Faites 1° $tang.\ BC : tang.\ AB :: r : cos.\ \gamma$; 2° $cot.\ C : cos.\ BC :: tang.\ \gamma : sin.\ \varphi$; 3° $r : tang.\ \frac{1}{2}\gamma :: \frac{tang.}{cot.}\ \frac{1}{2}\varphi : tang.\ \frac{1}{2}B$.

La demie somme des racines est donnée par la proportion $cos.\ BC : cot.\ C :: r : tang.\ \frac{1}{2}(B + b)$.

Troisième cas lorsque tang. AB $=$ tang. BC.

SOL. Faites $cos.\ BC : cot.\ C :: r : tang.\ \frac{1}{2}B$.

49. PROB. Étant donnés deux côtés AB, BC avec l'angle compris B, déterminer l'angle C, opposé au côté AB. *Voyez n°* 16.

Premier cas lorsque tang. AB $>$ tang. BC.

SOL. Faites 1° $tang.\ AB : tang.\ BC :: r : cos.\ \gamma$; 2° $tang.\ \frac{1}{2}\gamma : tang.\ \frac{1}{2}B :: r : \frac{tang.}{cot.}\ \frac{1}{2}\varphi$; 3° $sin.\ \varphi : tang.\ \gamma :: cos.\ BC : cot.\ C$.

Second cas lorsque tang. BC > tang. AB.

SOL. Faites 1° *tang. BC : tang. AB :: r : cos. γ*; 2° *tang.* $\frac{1}{2}$ *γ : tang.* $\frac{1}{2}$ *B :: r :* $\frac{tang.}{cot.}$ $\frac{1}{2}$ *φ*; 3° *sin. φ : tang. γ :: cos. BC : cot. C.*

Troisième cas lorsque tang. AB = tang. BC.

SOL. Faites *r : tang.* $\frac{1}{2}$ *B :: cos. BC : cot. C.*

50. EXEMPLE. Soit *AB* = 84°, *BC* = 43° 52′ 20″, *C* = 163° 50′, et cherchons *B*. Parce que *tang. AB* > *tang. BC* je suis dans le premier cas, et parce que *AB* et *BC* sont de même espèce, γ est aigu. La première proportion donne γ = 84° 12′, et $\frac{1}{2}$ γ = 42° 6′ : la seconde donne φ = 11° 44′ 40″, et $\frac{1}{2}$ φ = 5° 52′ 20″ : la troisième donne $\frac{1}{2}$ *B* = 5° 18′ 35″, et $\frac{1}{2}$ *B* = 83° 30′ 20″. Donc les deux racines sont 10° 37′ 10″, et 167° 0′ 40″. On trouve 78° 11′ 40″ pour demie différence des racines, et 156° 23′ 20″ pour différence.

Remarquons que la racine *B* = 167° 0′ 40″ répond au supplément de *C* ou à *C* = 16° 10′, et non pas à *C* = 163° 50′. Je suis averti par la table du n° 14 : elle m'apprend (2ᵉ comb.) que quand on a *AB* et *BC* aigus avec *B* obtus, il faut que *C* soit aigu.

ARTICLE QUATRIÈME.

Reprise de l'équation cos. BC. cos. B = sin. BC. cot. AB − sin. B. cot. C.

Premier cas lorsque tang. C > tang. B.

51. Je fais *r. tang. B = tang. C. cos. γ, r. cot. AB = cos. B.*

tang. m, et $BC = z$: l'équation devient $r. \cos. z - \sin. z. \text{tang.}\, m + r. \cos. \gamma = 0$.

Second cas lorsque tang. B $>$ tang. C.

52. Je fais $r. \text{tang.}\, C = \text{tang.}\, B. \cos. \gamma$, $r. \cot. AB = \cos. B. \text{tang.}\, n$, et $BC = z$: l'équation devient $r. \cos. z - \sin. z. \text{tang.}\, n + r. \sec. \gamma = 0$.

Troisième cas lorsque tang. B $=$ tang. C.

53. L'équation devient (n° 21) $r. \cot. AB = \cos. B. \text{tang.} \frac{1}{2} BC$.

54. Si les angles *B* et *C* sont de même espèce, γ (n° 22) est obtus; s'ils sont d'espèce différente, γ est aigu. La supposition primitive est que *B* et *AB* soient d'espèce différente; mais peu importe pour l'espèce de l'angle φ qui est (n° 24) indifféremment aigu ou obtus : $\frac{1}{2} BC$ est toujours aigu. Cette discussion résoud les problèmes suivans :

55. Prob. Étant donnés deux angles *B* et *C* avec le côté *AB*, opposé à l'angle *C*, déterminer le côté *BC*, appuyé sur les angles *B* et *C*.

Premier cas lorsque tang. C $>$ tang. B.

Sol. Faites 1° $\text{tang.}\, C : \text{tang.}\, B :: r : \cos. \gamma$; 2° $\cot. AB : \cos. B :: \sin. \gamma : \text{tang.}\, \varphi$; 3° $r : \text{tang.} \frac{1}{2} \gamma :: \frac{\text{tang.}}{\cot.} \frac{1}{2} \varphi : \text{tang.} \frac{1}{2} BC$.

La demie différence des racines est donnée par la proportion $\cos. B : \cot. AB :: r : \text{tang.} \frac{1}{2} (BC - bc)$.

Second cas lorsque tang. B $>$ tang. C.

Sol. Faites 1° $tang.\,B : tang.\,C :: r : cos.\,\gamma$; 2° $cot.\,AB : cos.\,B :: tang.\,\gamma : sin.\,\varphi$; 3° $r : tang.\,\frac{1}{2}\gamma :: \frac{tang.}{cot.}\,\frac{1}{2}\varphi : tang.\,\frac{1}{2}BC$.

La demie somme des racines est donnée par la proportion $cos.\,B : cot.\,AB :: r : tang.\,\frac{1}{2}(BC + bc)$.

Troisième cas lorsque tang. B = tang. C.

Sol. Faites $cos.\,B : cot.\,AB :: r : tang.\,\frac{1}{2}BC$.

56. Prob. Étant donnés deux angles B et C avec le côté compris BC, déterminer le côté AB, opposé à l'angle C. *Voyez n°* 17.

Premier cas lorsque tang. C $>$ tang. B.

Sol. Faites 1° $tang.\,C : tang.\,B :: r : cos.\,\gamma$; 2° $tang.\,\frac{1}{2}\gamma : tang.\,\frac{1}{2}BC :: r : \frac{tang.}{cot.}\,\frac{1}{2}\varphi$; 3° $tang.\,\varphi : sin.\,\gamma :: cos.\,B : cot.\,AB$.

Second cas lorsque tang. B $>$ tang. C.

Sol. Faites 1° $tang.\,B : tang.\,C :: r : cos.\,\gamma$; 2° $tang.\,\frac{1}{2}\gamma : tang.\,\frac{1}{2}BC :: r : \frac{tang.}{cot.}\,\frac{1}{2}\varphi$; 3° $sin.\,\varphi : tang.\,\gamma :: cos.\,B : cot.\,AB$.

Troisième cas lorsque tang. B = tang. C.

Sol. Faites $r : tang.\,\frac{1}{2}BC :: cos.\,B : cot.\,AB$.

57. Exemple. Soit $B = 10°\ 37'\ 10''$, $C = 163°\ 50'$, $AB = 84°$, et cherchons BC. Parce que $tang.\,C > tang.\,B$ je suis dans le premier cas, et parce que les angles B et C sont d'espèce différente, γ (n° 54) est aigu. La première proportion donne $\gamma = 49°\ 42'\ 10''$, et $\frac{1}{2}\gamma = 24°\ 51'\ 5''$. La

seconde donne $\varphi = 82^\circ\ 1'\ 10''$, et $\frac{1}{2}\ \varphi = 41^\circ\ 0'\ 35''$: la troisième donne $\frac{1}{2}\ BC = 21^\circ\ 56'\ 10''$, et $\frac{1}{2}\ BC = 28^\circ\ 2'\ 20''$. Donc les deux valeurs de BC sont $43^\circ\ 52'\ 20''$, et $56^\circ\ 4'\ 40''$. On trouve $6^\circ\ 6'\ 10''$ pour demie différence des racines, et $12^\circ\ 12'\ 20''$ pour différence. La racine $56^\circ\ 4'\ 40''$ répond au supplément de AB.

CHAPITRE IV.

Appendix sur les parallaxes de hauteur.

58. Les quantités qui entrent dans cette théorie sont la hauteur vraie, la hauteur apparente, et leur différence ou la parallaxe de hauteur : la comparaison de ces trois quantités deux à deux fournit trois combinaisons ou trois problêmes.

Soit H la hauteur vraie, h la hauteur apparente, δ la parallaxe de hauteur, et π la parallaxe horizontale.

59. **Prob.** Déterminer la relation entre h et δ.

Sol. On a $r.\ sin.\ \delta = sin.\ \pi.\ cos.\ h$.

60. **Prob.** Déterminer la relation H et h.

Sol. On a $r.\ sin.\ H - cos.\ H.\ tang.\ h - r.\ sin.\ \pi = 0$.

61. Si H est l'inconnue, on a (n°s 19 et 22) $r : cot.\ h :: cos.\ \pi : tang.\ \varphi$, et $r : tang.\ \frac{1}{2}\ comp.\ \pi :: \frac{tang.}{cot.}\ \frac{1}{2}\ \varphi : tang.\ \frac{1}{2}\ comp.\ H$.

La différence des racines (n°s 22 et 23) est donnée par l'équation $H' - H = suppl.\ 2\ h$.

Si h est l'inconnue, on a (n° 24) $tang.\ \frac{1}{2}\ comp.\ \pi : tang.\ \frac{1}{2}$

comp. $H :: r : \frac{tang.}{cot.} \frac{1}{2} \varphi$, et *cos.* π : *tang.* $\varphi :: r :$ *cot.* h ou r : *cos.* $\pi ::$ *cot.* φ : *tang.* h.

62. Les deux racines H' et H sont prises sur le même vertical, mais de côté différent relativement au zenith ou avec des azymuths qui diffèrent de 180° : donc si les deux hauteurs sont comptées du même point de l'horizon, il faut à la plus petite substituer son supplément.

63. Exemple. Soit $\pi = 1°$, et $h = 39° \, 13' \, 31''$, nous trouverons $H = 40°$ et $H' = 38° \, 27'$, ou plutôt $H' = 141° \, 33'$. On voit que $H' - H = 101° \, 33' =$ *suppl.* $78° \, 27' =$ *suppl.* $2 \, h$.

Si on suppose $\pi = 1°$ et $H = 40°$, on trouve $h = 39° \, 13' \, 31''$.

64. Prob. Déterminer la relation entre H et δ.

Sol. On a r. *sin.* H + *cos.* H. *cot.* $\delta - r$. *cosec.* $\pi = 0$.

65. Si H est l'inconnue, on a (nos 19 et 22) r : *tang.* $\delta ::$ *cot.* π : *sin.* φ et r : *tang.* $\frac{1}{2}$ *comp.* $\pi :: \frac{tang.}{cot.} \frac{1}{2} \varphi$: *tang.* $\frac{1}{2}$ *comp.* H.

La somme des racines (nos 22 et 23) est donnée par l'équation $H' + H = 2 \, \delta$.

Si δ est l'inconnue, on a *tang.* $\frac{1}{2}$ *comp.* π : *tang.* $\frac{1}{2}$ *comp.* $H ::$ $r : \frac{tang.}{cot.} \frac{1}{2} \varphi$, et *cot.* π : *sin.* $\varphi :: r$: *tang.* δ ou r : *sin.* $\varphi ::$ *tang.* π : *tang.* δ.

66. Exemple. Soit $\pi = 1°$ et $\delta = 0° \, 46' \, 29''$: nous trouverons $H = 40°$ et $H' = 38° \, 27'$, ou plutôt $H' = 141° \, 33'$. On voit que $H' + H = 181° \, 33' = 180° + 2 \, \delta$.

Si on suppose $\pi = 1°$ et $H = 40°$, on trouve $\delta = 0° \, 46' \, 29$.

67. Prob. Étant donnée la hauteur vraie, déterminer la

relation entre la hauteur apparente et la parallaxe horizontale.

Sol. Je mets l'équation du n° 60 sous la forme suivante : $r^2 = tang.\,h.\,cot.\,H + sin.\,\pi.\,cosec.\,H$: je fais $tang.\,h.\,cot.\,H = sin.^2\,\xi$, et $sin.\,\pi.\,cosec.\,H = cos.^2\,\xi$, ou $sin.\,H.\,cos.^2\,\xi = r.^2\,sin.\,\pi$. Donc je peux conclure π de h et h de π.

68. Exemple. Soit $H = 40°$, $h = 39°\ 13'\ 31''$, et cherchons π : je trouve d'abord $\xi = 80°\ 31'$, et ensuite $\pi = 1°$. Ou bien soit $H = 40°$, $\pi = 1°$, et cherchons h : je trouve d'abord $\xi = 80°\ 31'$, et ensuite $h = 39°\ 13'\ 31''$.

69. Étant donnée la hauteur vraie, déterminer la relation entre la parallaxe de hauteur et la parallaxe horizontale.

Sol. Je mets l'équation du n° 64 sous la forme suivante : $r^2 = cosec.\,\pi.\,cosec.\,H - cot.\,\delta.\,cot.\,H$: je fais $cot.\,\delta.\,cot.\,H = tang.^2\,\xi$, et $cosec.\,\pi.\,cosec.\,H = sec.^2\,\xi$, ou $sin.\,\pi.\,sin.\,H = cos.^2\,\xi$. Donc je peux conclure π de δ et δ de π.

70. Exemple. Soit $H = 40°$, $\pi = 1°$, et cherchons δ : je trouve d'abord $\xi = 83°\ 55'\ 10''$, et ensuite $\delta = 0°\ 46'\ 29''$. Ou bien soit $H = 40°$, $\delta = 0°\ 46'\ 29''$, et cherchons π : je trouve d'abord $\xi = 83°\ 55'\ 10''$, et ensuite $\pi = 1°$.

DE L'IMPRIMERIE DE PLASSAN.